한 권으로
계산 끝

한 권으로 계산 끝 9

지은이 차길영
펴낸이 임상진
펴낸곳 (주)넥서스

초판 1쇄 발행 2019년 11월 15일
초판 5쇄 발행 2023년 6월 30일

출판신고 1992년 4월 3일 제311-2002-2호
10880 경기도 파주시 지목로 5
Tel (02)330-5500 Fax (02)330-5555

ISBN 979-11-6165-655-7 (64410)
979-11-6165-646-5 (SET)

www.nexusbook.com
www.nexusEDU.kr/math

• 새 교육과정 반영 •

문제풀이 속도와 정확성을 향상시키는
초등 연산 프로그램

계산력 + 두뇌회전 UP!

한 권으로 계산 끝

수학의 마술사 **차길영** 지음

넥서스에듀

혹시 여러분, 이런 학생은 아닌가요?

문제를 풀면 다 맞긴 하는데 시간이
너무 오래 걸려요.

한 자리 숫자는 자신이 있는데
숫자가 커지면 당황해요.

덧셈과 뺄셈은 어렵지 않은데
곱셈과 나눗셈은 무서워요.

계산할 때 자꾸
손가락을 써요.

문제는 빨리 푸는데
채점하면 비가 내려요.

이제 계산 끝이면, 실수 끝! 오답 끝! 걱정 끝!

왜 〈한 권으로 계산 끝〉으로 시작해야 하나요?

수학의 기본은 계산입니다.

계산력이 약한 학생들은 잦은 실수와 문제풀이 시간 부족으로 수학에 대한 흥미를 잃으며 수학을 점점 멀리하게 되는 것이 현실입니다. 따라서 차근차근 계단을 오르듯 수학의 기본이 되는 계산력부터 길러야 합니다. 이러한 계산력은 매일 규칙적으로 꾸준히 학습하는 것이 중요합니다. '창의성'이나 '사고력 및 논리력'은 수학의 기본인 계산력이 뒷받침이 된 다음에 얘기할 수 있는 것입니다. 우리는 '창의성' 또는 '사고력'을 너무나 동경한 나머지 수학의 기본인 '계산'과 '암기'를 소홀히 생각합니다. 그러나 번뜩이는 문제 해결력이나 아이디어, 창의성은 수없이 반복되어 온 암기 훈련 및 꾸준한 학습을 통해 쌓인 지식에 근거한다는 점을 절대 잊으면 안 됩니다.

수학은 일찍 시작해야 합니다.

초등학교 수학 과정은 기초 계산력을 완성시키는 단계입니다. 특히 저학년 때 연산이 차지하는 비율은 전체의 70~80%나 됩니다. 수학 성적의 차이는 머리가 아니라 수학을 얼마나 일찍 시작하느냐에 달려 있습니다. 머리가 좋은 학생이 수학을 잘 하는 것이 아니라 수학을 열심히 공부하는 학생이 머리가 좋아지는 것이죠. 수학이 싫고 어렵다고 어렸을 때부터 수학을 멀리하게 되면 중학교, 고등학교에 올라가서는 수학을 포기하게 됩니다. 수학은 어느 정도 수준에 오르기까지 많은 시간이 필요한 과목이기 때문에 비교적 여유가 있는 초등학교 때 수학의 기본을 다져놓는 것이 중요합니다.

혹시 수학 성적이 걱정되고 불안하신가요?

그렇다면 수학의 기본이 되는 계산력부터 키워주세요. 하루 10~20분씩 꾸준히 계산력을 키우게 되면 티끌 모아 태산이 되듯 수학의 기초가 튼튼해지고 수학이 재미있어질 것입니다. 어떤 문제든 기초 계산 능력이 뒷받침되어 있지 않으면 해결할 수 없습니다.
〈한 권으로 계산 끝〉 시리즈로 수학의 재미를 키워보세요. 여러분은 모두 '수학 천재'가 될 수 있습니다. 화이팅!

수학의 마술사 **차길영**

구성 및 특징

01

계산 원리 학습

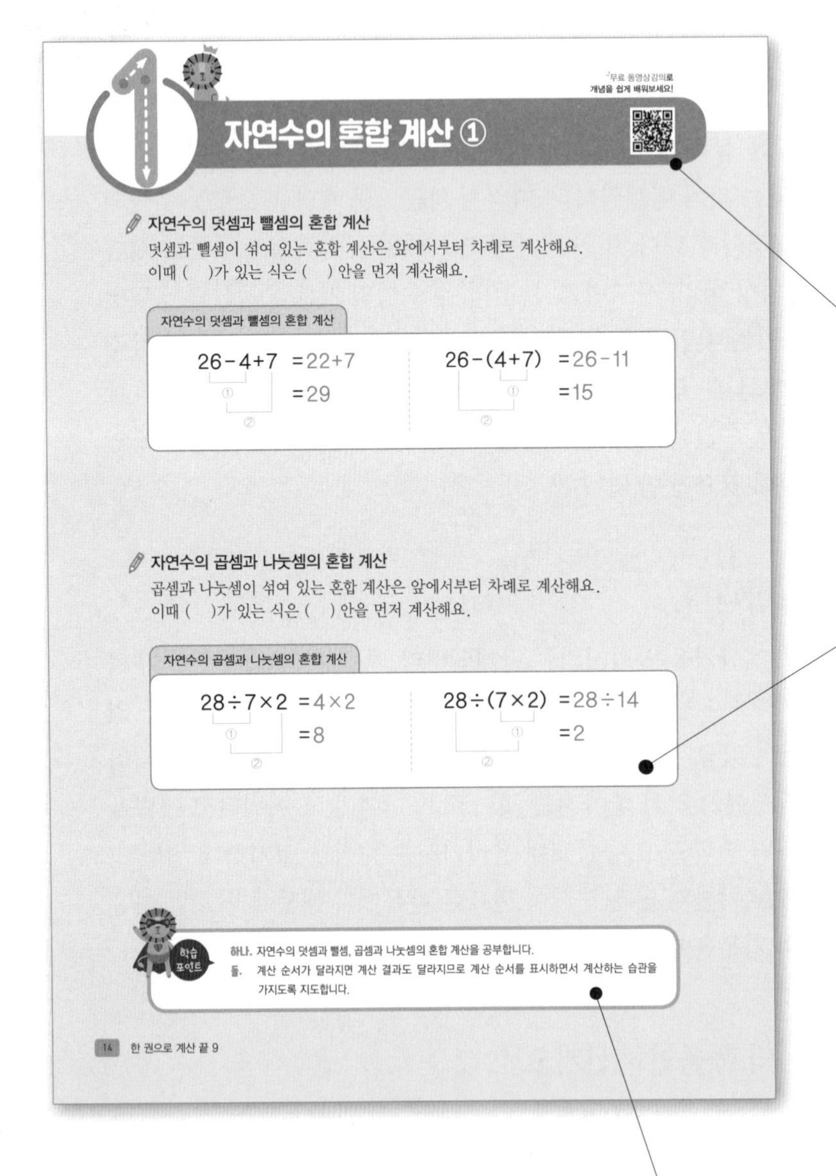

무료 동영상 강의로 계산 원리의 개념을 쉽고 정확하게 이해할 수 있습니다.

QR코드를 스마트폰으로 찍거나 www.nexusEDU.kr/math 접속

초등수학의 새 교육과정에 맞춰 연산 주제의 원리를 이해하고 연산 방법을 이끌어냅니다.

계산 원리의 학습 포인트를 통해 연산의 기초 개념 정리를 한 번에 끝낼 수 있습니다.

02 계산력 학습 및 완성

자신의 진도 목표에 따라 하루에 적당한 분량을 정해 학습합니다.
문제를 풀 때 걸리는 시간을 정확히 측정하고 기록해 보세요.
계산력 향상 Up! Up! Up!

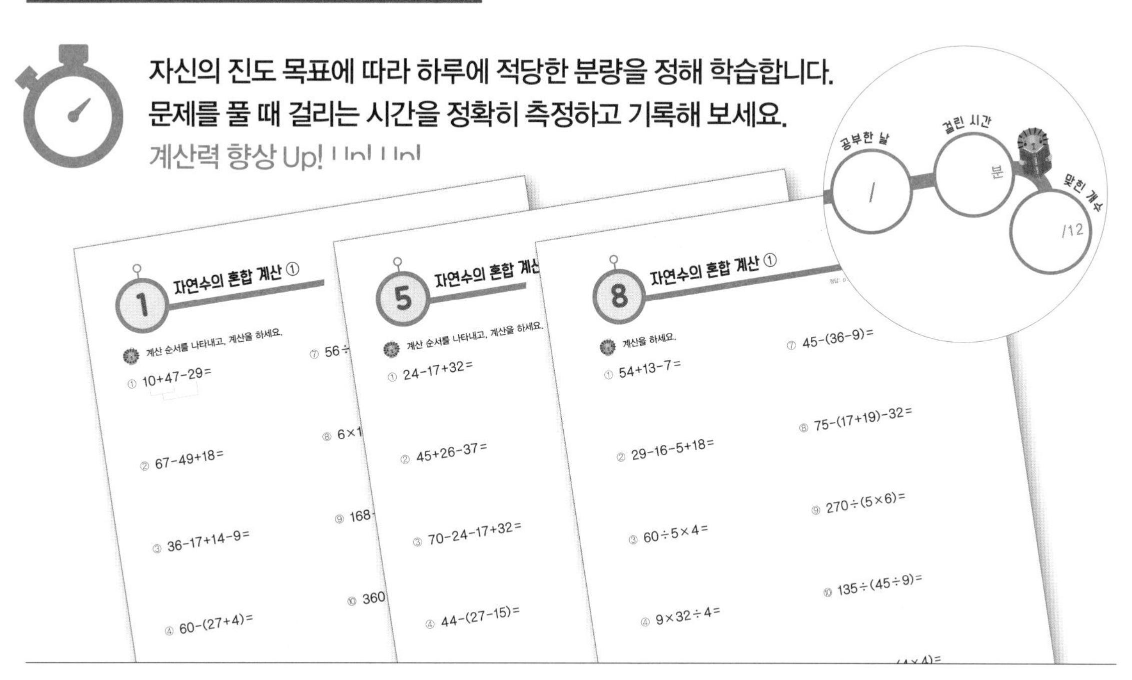

03 실력 체크

교재의 중간과 마지막에 나오는 실력 체크 문제로,
앞서 배운 4개의 강의 내용을 복습하고 다시 한 번
실력을 탄탄하게 점검할 수 있습니다.

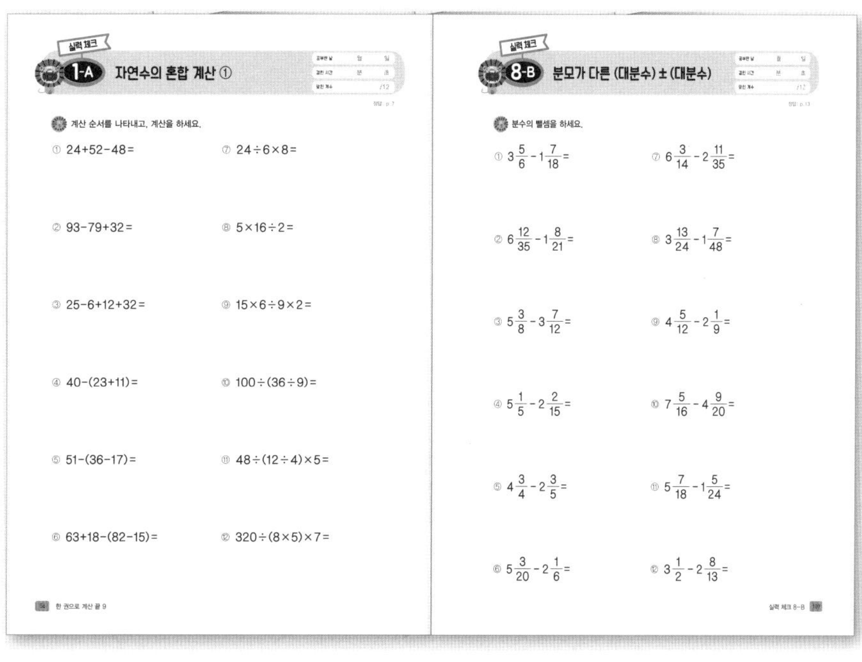

'한 권으로 계산 끝'만의 차별화된 서비스

스마트폰으로 QR코드를 찍으면 이 모든 것이 가능해요!

1 모바일 진단평가

과연 내 연산 실력은 어떤 레벨일까요? 진단평가로 현재 실력을 확인하고 알맞은 레벨을 선택할 수 있어요.

2 무료 동영상 강의

눈에 쏙! 귀에 쏙! 들어오는 개념 설명 강의를 보면, 문제의 답이 쉽게 보인답니다.

3 초시계

자신의 문제풀이 속도를 측정하고 '걸린 시간'을 기록하는 습관은 계산 끝판왕이 되는 필수 요소예요.

4 마무리 평가

온라인에서 제공하는 별도 추가 종합 문제를 통해 학습한 내용을 복습하고 최종 실력을 확인할 수 있어요.

5 추가 문제

각 권마다 추가로 제공되는 문제로 속도력 + 정확성을 키우세요!

스마트폰이 없어도 걱정 마세요!
넥서스에듀 홈페이지로 들어오세요.

※ 진단평가, 마무리 평가의 종합문제 및 추가 문제는 홈페이지에서 다운로드 → 프린트해서 쓸 수 있어요.

www.nexusEDU.kr/math

차례

자연수의 혼합 계산 / 약수와 배수 / 분수의 덧셈과 뺄셈 중급

초등수학
5학년 과정

한 권으로 계산 끝 학습계획표

하루하루 끝내기로 한 학습 분량을 마치고 학습계획표를 체크해 보세요!

2주 / 4주 / 8주 완성 학습 목표를 정한 뒤에 매일매일 체크해 보세요.
스스로 공부하는 습관이 길러지고, 수학의 기초 실력인 연산력+계산력이 쑥쑥 향상됩니다.

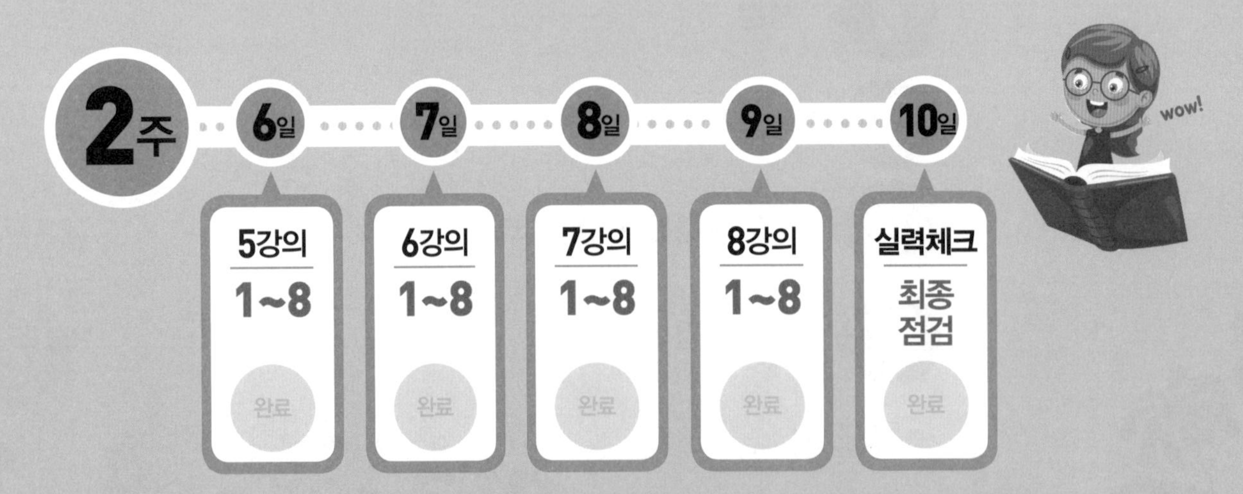

Study Plans

4주 완성

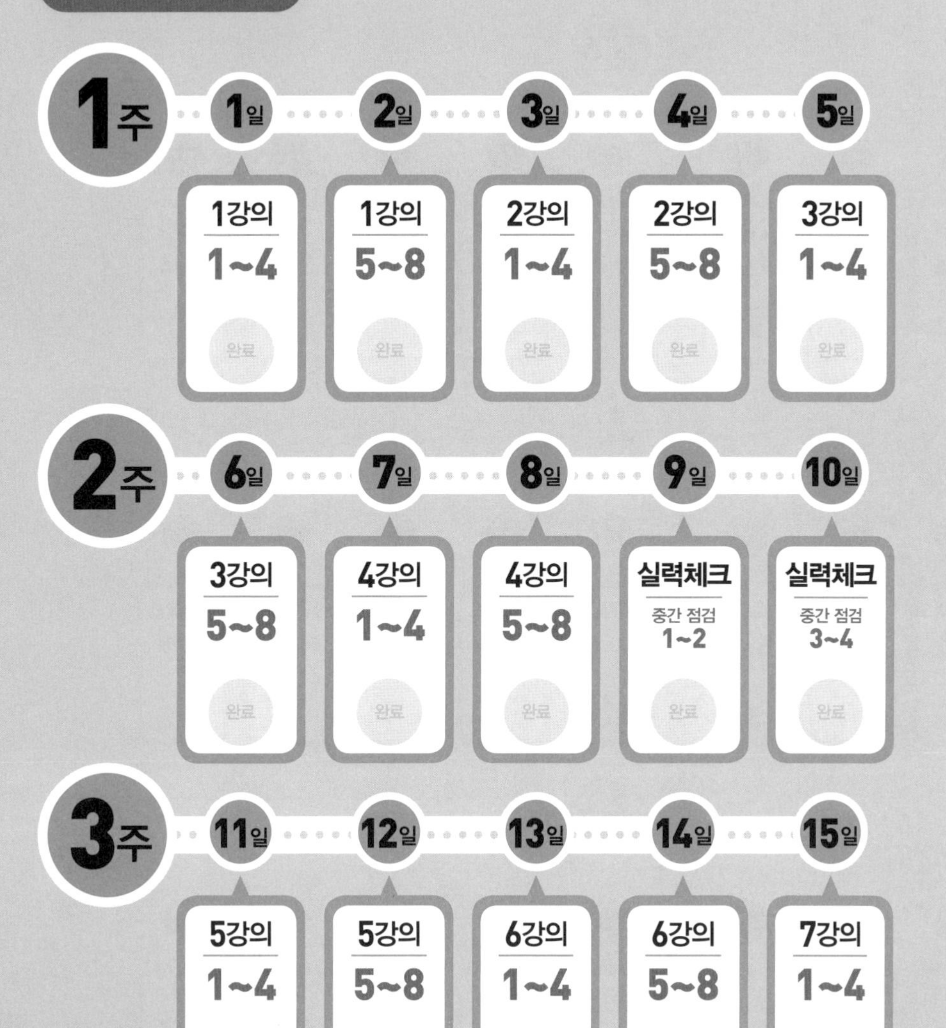

주	일	학습 내용
1주	1일	1강의 1~4
	2일	1강의 5~8
	3일	2강의 1~4
	4일	2강의 5~8
	5일	3강의 1~4
2주	6일	3강의 5~8
	7일	4강의 1~4
	8일	4강의 5~8
	9일	실력체크 중간 점검 1~2
	10일	실력체크 중간 점검 3~4
3주	11일	5강의 1~4
	12일	5강의 5~8
	13일	6강의 1~4
	14일	6강의 5~8
	15일	7강의 1~4
4주	16일	7강의 5~8
	17일	8강의 1~4
	18일	8강의 5~8
	19일	실력체크 최종 점검 5~6
	20일	실력체크 최종 점검 7~8

(각 칸: 완료)

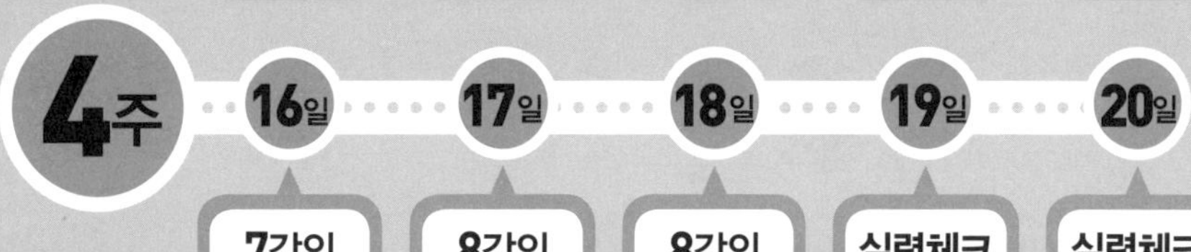

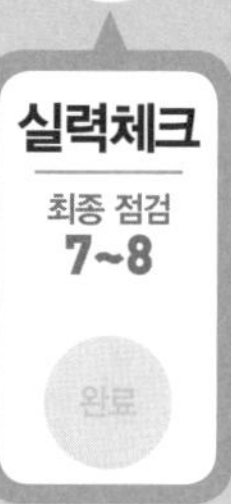

한 권으로 계산 끝 학습계획표

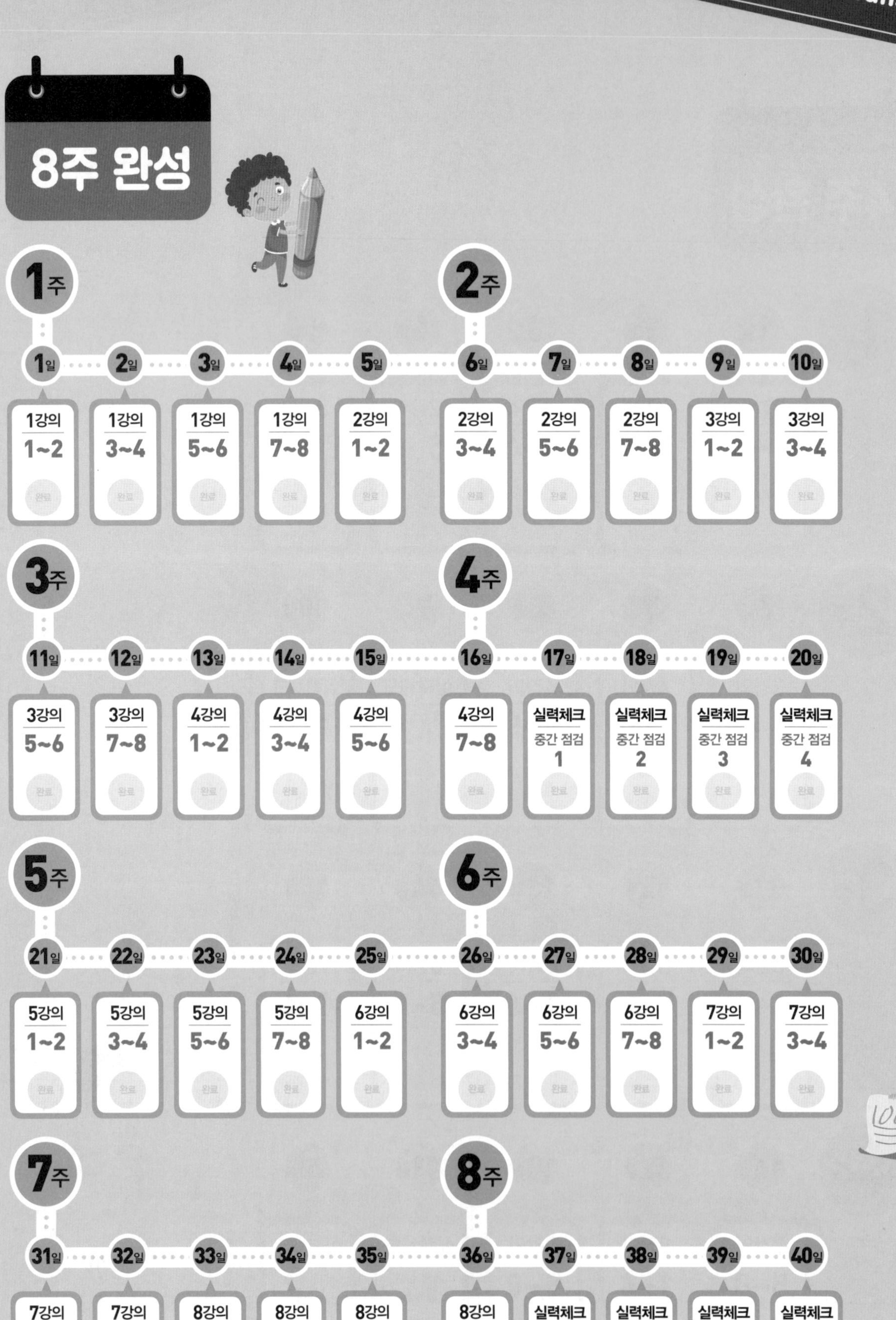

자연수의 혼합 계산
약수와 배수
분수의 덧셈과 뺄셈

중급

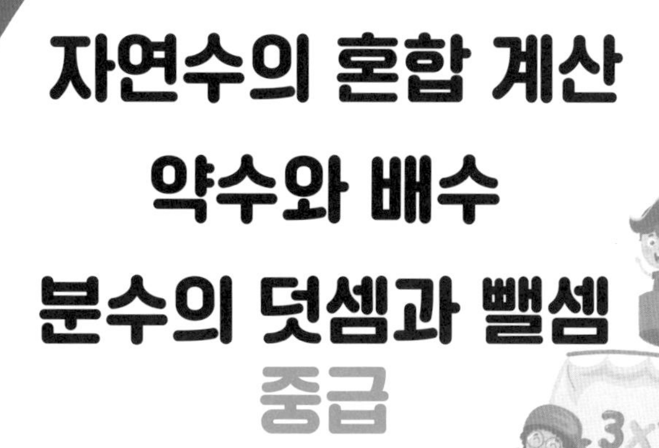

5학년 과정

자연수의 혼합 계산 ①

자연수의 덧셈과 뺄셈의 혼합 계산

덧셈과 뺄셈이 섞여 있는 혼합 계산은 앞에서부터 차례로 계산해요.
이때 괄호( )가 있는 식은 괄호( ) 안을 먼저 계산해요.

자연수의 덧셈과 뺄셈의 혼합 계산

$26-4+7 = 22+7 = 29$ (① $26-4$, ② $22+7$)

$26-(4+7) = 26-11 = 15$ (① $4+7$, ② $26-11$)

자연수의 곱셈과 나눗셈의 혼합 계산

곱셈과 나눗셈이 섞여 있는 혼합 계산은 앞에서부터 차례로 계산해요.
이때 괄호( )가 있는 식은 괄호( ) 안을 먼저 계산해요.

자연수의 곱셈과 나눗셈의 혼합 계산

$28\div7\times2 = 4\times2 = 8$ (① $28\div7$, ② 4×2)

$28\div(7\times2) = 28\div14 = 2$ (① 7×2, ② $28\div14$)

하나. 자연수의 덧셈과 뺄셈, 곱셈과 나눗셈의 혼합 계산을 공부합니다.
둘. 계산 순서가 달라지면 계산 결과도 달라지므로 계산 순서를 표시하면서 계산하는 습관을 가지도록 지도합니다.

자연수의 혼합 계산 ①

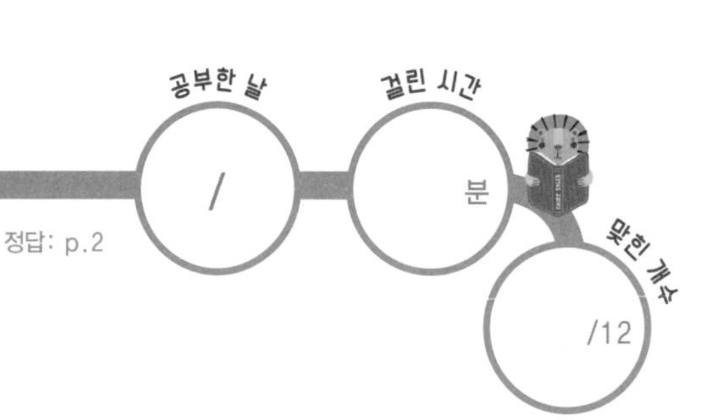

정답: p.2

 계산 순서를 나타내고, 계산을 하세요.

① $10+47-29=$

⑦ $56\div7\times5=$

② $67-49+18=$

⑧ $6\times14\div4=$

③ $36-17+14=$

⑨ $168\div12\div7=$

④ $60-(27+4)=$

⑩ $360\div(6\times5)=$

⑤ $21-(15-9)=$

⑪ $72\div(24\div3)=$

⑥ $91-(42+16)=$

⑫ $384\div(4\times6)=$

2 자연수의 혼합 계산 ①

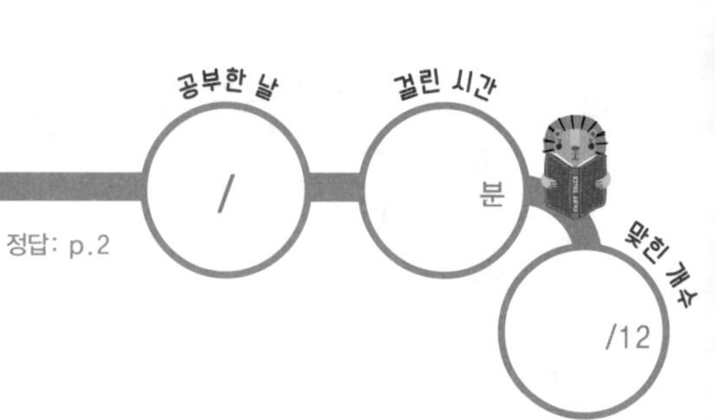

정답: p.2

계산을 하세요.

① $13+58-36=$

② $47-25+13=$

③ $32-7+8=$

④ $18+(6-3)=$

⑤ $441+(9-3)=$

⑥ $28-(8+6)=$

⑦ $33\div11\times2=$

⑧ $24\div6\times7=$

⑨ $45\div5\times3=$

⑩ $324\div(6\times2)=$

⑪ $243\div(3\times9)=$

⑫ $28\div(7\times2)=$

자연수의 혼합 계산 ①

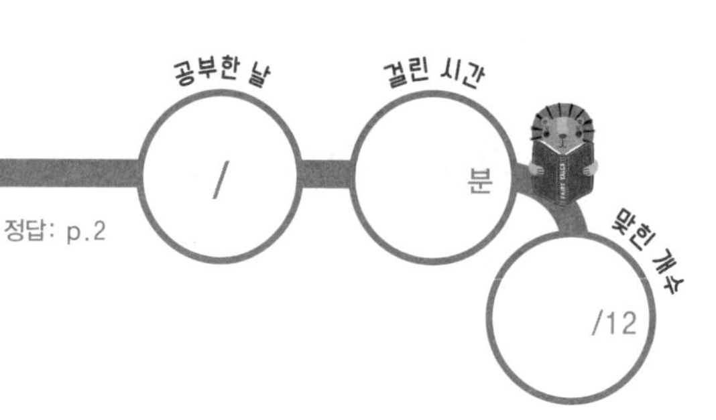

정답: p.2

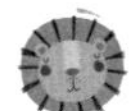 계산 순서를 나타내고, 계산을 하세요.

① $15+27-38=$

② $50-37+16=$

③ $81+16-34=$

④ $70-(43-14)=$

⑤ $53-(29+17)=$

⑥ $48-(19-6)=$

⑦ $90\div5\times4=$

⑧ $8\times72\div6=$

⑨ $324\div12\div3=$

⑩ $20\div(32\div8)=$

⑪ $198\div(3\times6)=$

⑫ $105\div(7\times5)=$

자연수의 혼합 계산 ①

공부한 날 /

걸린 시간 분

맞힌 개수 /12

정답: p.2

 계산을 하세요.

① $24-8+11=$

② $29+36-17=$

③ $144+18-7=$

④ $(75-13)+5=$

⑤ $78+(73-50)=$

⑥ $3+(34-16)=$

⑦ $75\div25\times7=$

⑧ $26\div13\times17=$

⑨ $216\div4\times6=$

⑩ $96\div(36\div3)=$

⑪ $168\div(7\times4)=$

⑫ $15\div(30\div6)=$

자연수의 혼합 계산 ①

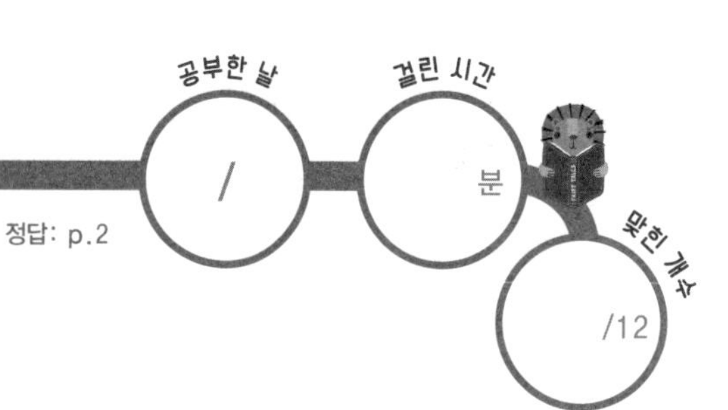

정답: p.2

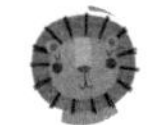
계산 순서를 나타내고, 계산을 하세요.

① $24-17+32+5=$

② $45+26-37-20=$

③ $70-24-17+32=$

④ $44-(27-15)+13=$

⑤ $81-(46+5)+6=$

⑥ $59+23-(47+18)=$

⑦ $81\div9\times6\div3=$

⑧ $7\times16\div8\times5=$

⑨ $504\div14\div6\times3=$

⑩ $224\div(72\div9)\times12=$

⑪ $336\div(3\times7)\div4=$

⑫ $2\times21\div(49\div7)=$

6 자연수의 혼합 계산 ①

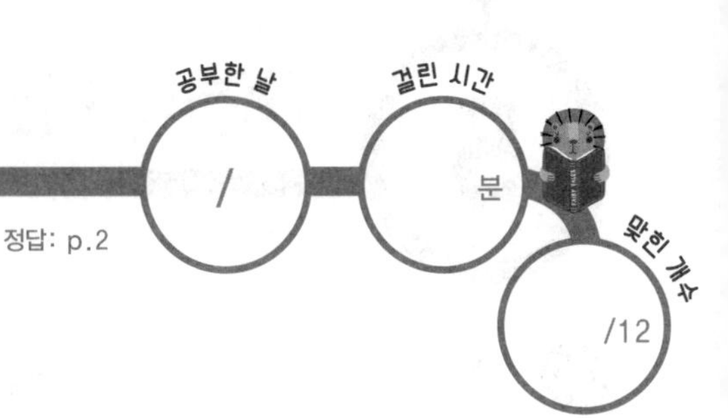

정답: p.2

 계산을 하세요.

① $32-17+42-13=$

② $62+7-38+14=$

③ $4+28-7+2=$

④ $(27-13)+4-7=$

⑤ $42+20-(30+15)=$

⑥ $24+3-(15+4)=$

⑦ $93\div31\times10\div2=$

⑧ $62\div2\times18\div3=$

⑨ $24\div8\times13\times2=$

⑩ $180\div(3\times4)\div3=$

⑪ $96\div(4\times6)\times11=$

⑫ $108\div(12\div2)\times3=$

자연수의 혼합 계산 ①

공부한 날 /
걸린 시간 분
맞힌 개수 /12

정답: p.2

계산 순서를 나타내고, 계산을 하세요.

① $62-29+17-3=$

⑦ $38\div2\times3\div19=$

② $39+18-16-7=$

⑧ $6\times42\div4\times12=$

③ $15+26-9+32=$

⑨ $16\div8\times4\times3=$

④ $48-(35-16)+8=$

⑩ $140\div(56\div2)\times3=$

⑤ $59-(15+18)-7=$

⑪ $18\times4\div(3\times2)=$

⑥ $77-(52+19)+16=$

⑫ $672\div(6\times4)\div7=$

8 자연수의 혼합 계산 ①

공부한 날 /
걸린 시간 분
맞힌 개수 /12

정답: p.2

계산을 하세요.

① $54+13-7+5=$

② $29-16-5+18=$

③ $6+5+17-3=$

④ $9+32-(14-10)=$

⑤ $40-15+(7+3)=$

⑥ $16-2+(8+5)=$

⑦ $45\div9\times3\times12=$

⑧ $75\div25\times4\times3=$

⑨ $270\div(5\times6)\times2=$

⑩ $135\div(45\div9)\times10=$

⑪ $32\times3\div(4\times4)=$

⑫ $380\div(60\div15)\times2=$

자연수의 혼합 계산 ②

자연수의 덧셈, 뺄셈, 곱셈, 나눗셈의 혼합 계산

곱셈이나 나눗셈을 먼저 계산한 후 덧셈과 뺄셈을 앞에서부터 차례로 계산해요.
이때 괄호( )가 있는 식은 괄호( ) 안을 먼저 계산해요.

자연수의 덧셈, 뺄셈, 곱셈의 혼합 계산

$41-8+5\times3 = 41-8+15 = 33+15 = 48$

① 5×3 ② $41-8$ ③ $33+15$

$41-(8+5)\times3 = 41-13\times3 = 41-39 = 2$

① $8+5$ ② 13×3 ③ $41-39$

자연수의 덧셈, 뺄셈, 나눗셈의 혼합 계산

$32-12\div4+9 = 32-3+9 = 29+9 = 38$

① $12\div4$ ② $32-3$ ③ $29+9$

$(32-12)\div4+9 = 20\div4+9 = 5+9 = 14$

① $32-12$ ② $20\div4$ ③ $5+9$

괄호( )가 없는 자연수의 덧셈, 뺄셈, 곱셈, 나눗셈의 혼합 계산

곱셈과 나눗셈을 먼저 계산한 후 덧셈과 뺄셈을 앞에서부터 차례로 계산해요.

괄호( )가 없는 자연수의 덧셈, 뺄셈, 곱셈, 나눗셈의 혼합 계산

$17+3\times5-16\div4 = 17+15-4 = 32-4 = 28$

① 3×5 ② $16\div4$ ③ $17+15$ ④ $32-4$

하나. 자연수의 덧셈, 뺄셈, 곱셈, 나눗셈의 혼합 계산을 공부합니다.
둘. 덧셈, 뺄셈보다 곱셈, 나눗셈을 먼저 계산하도록 지도합니다.
셋. 괄호( )가 있으면 괄호( ) 안을 먼저 계산하도록 지도합니다.

1 자연수의 혼합 계산 ②

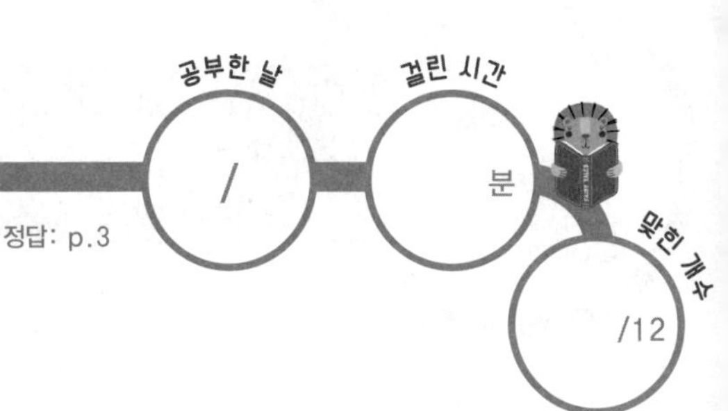

정답: p.3

 계산 순서를 나타내고, 계산을 하세요.

① $3\times9+12=$

⑦ $18\div2+12=$

② $11\times5-25=$

⑧ $30-24\div4=$

③ $8+7\times4=$

⑨ $24-64\div8=$

④ $9\times(20-12)=$

⑩ $(108-60)\div6=$

⑤ $(31-16)\times5=$

⑪ $45\div(9-4)=$

⑥ $2\times(9+23)=$

⑫ $96\div(5+11)=$

2 자연수의 혼합 계산 ②

공부한 날 /
걸린 시간 분
맞힌 개수 /12

정답: p.3

 계산을 하세요.

① $34-8\times2=$

⑦ $29-16\div8=$

② $26+3\times4=$

⑧ $26+56\div7=$

③ $124-17\times4=$

⑨ $51\div3-8=$

④ $5\times(13-6)=$

⑩ $(48-24)\div2=$

⑤ $(8+14)\times3=$

⑪ $(15+7)\div2=$

⑥ $21\times(5+9)=$

⑫ $80\div(6+14)=$

3 자연수의 혼합 계산 ②

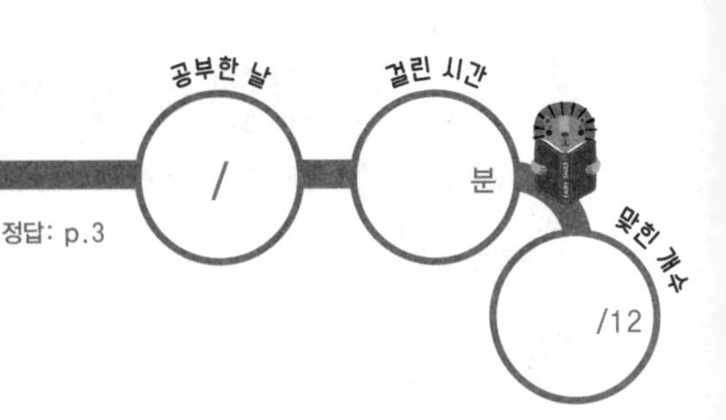

정답: p.3

 계산 순서를 나타내고, 계산을 하세요.

① $28-7\times3=$

② $29+3\times9=$

③ $30+14\times8=$

④ $6\times(28-11)=$

⑤ $(15+4)\times2=$

⑥ $(22-14)\times4=$

⑦ $24+30\div3=$

⑧ $19-42\div6=$

⑨ $28\div4-5=$

⑩ $36\div(16-7)=$

⑪ $(21-5)\div8=$

⑫ $45\div(3+12)=$

자연수의 혼합 계산 ②

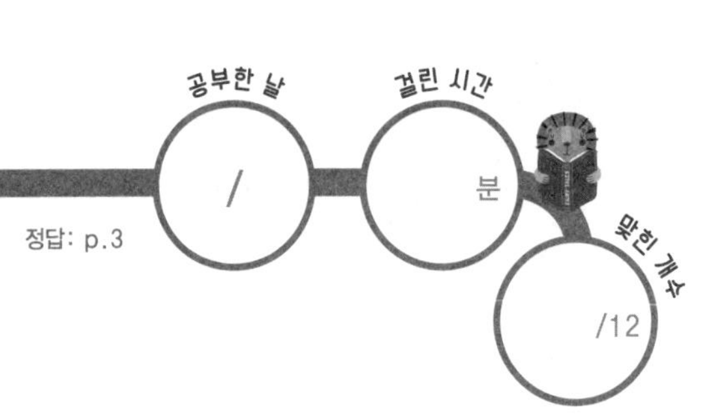

정답: p.3

 계산을 하세요.

① $8 \times 4 - 23 =$

② $13 + 3 \times 4 =$

③ $71 - 5 \times 9 =$

④ $(57 - 50) \div 7 =$

⑤ $(100 - 36) \div 8 =$

⑥ $120 \div (4 + 8) =$

⑦ $140 - 16 \times 4 =$

⑧ $15 + 6 \times 3 =$

⑨ $24 \div 3 + 5 =$

⑩ $60 \div (9 - 6) =$

⑪ $(23 + 12) \div 5 =$

⑫ $34 \div (9 + 8) =$

자연수의 혼합 계산 ②

공부한 날 /
걸린 시간 분
맞힌 개수 /12

정답: p.3

계산 순서를 나타내고, 계산을 하세요.

① $15+6\times7-2=$

② $25-2\times6+4=$

③ $12+4\times8-7+10=$

④ $28+(30-17)\times9=$

⑤ $(48-36)\times6-24=$

⑥ $64-4\times(6+3)=$

⑦ $143-91\div13+15=$

⑧ $27+6-32\div4=$

⑨ $13-9+42\div7=$

⑩ $56\div(8+6)-2=$

⑪ $32+16\div(15-7)=$

⑫ $8-54\div(24-15)+13=$

6 자연수의 혼합 계산 ②

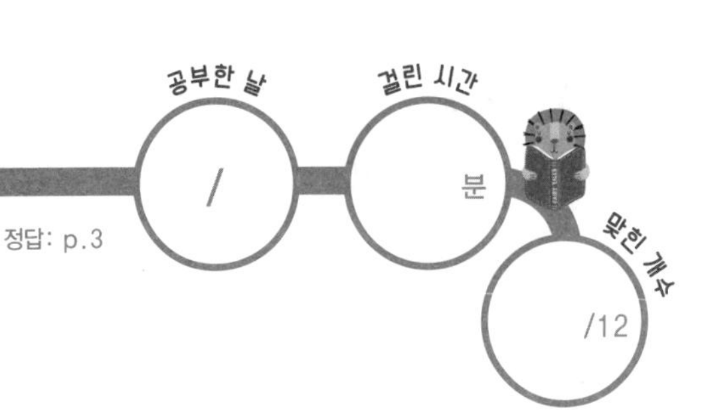

정답: p.3

계산을 하세요.

① $11\times5-8\times2=$

⑦ $15\times(4+8)-47=$

② $37-9\times2+23=$

⑧ $(24-15)\times4-13=$

③ $71+11\times5-43=$

⑨ $5\times(30-6)-40+7=$

④ $24+60\div4-10=$

⑩ $17-72\div(9+9)=$

⑤ $45+27\div3-6=$

⑪ $36+18\div(13-4)=$

⑥ $80\div4-15+54\div9=$

⑫ $10+(39-6)\div11=$

7 자연수의 혼합 계산 ②

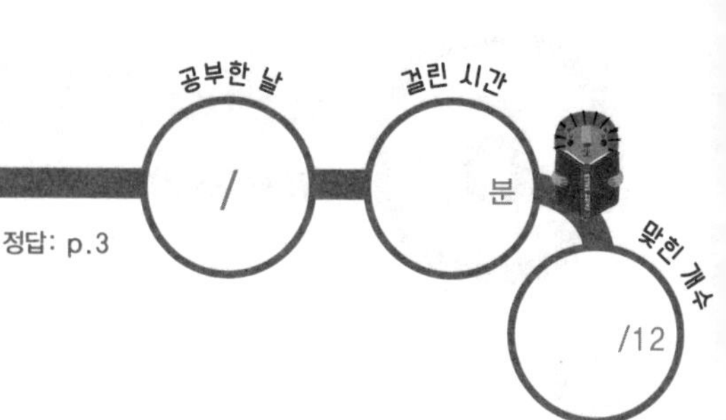

정답: p.3

 계산 순서를 나타내고, 계산을 하세요.

① $25+5\times3-16=$

② $120-45+8\times7=$

③ $37+18-4\times2=$

④ $90-(5+12)\times3=$

⑤ $12+4\times(21-7)=$

⑥ $55-3\times(13+2)=$

⑦ $19+27-42\div3=$

⑧ $40-38\div2+14=$

⑨ $81\div9+25-60\div12=$

⑩ $100-(26+19)\div3=$

⑪ $13+63\div(35\div5)=$

⑫ $(28+60)\div(12-4)=$

자연수의 혼합 계산 ②

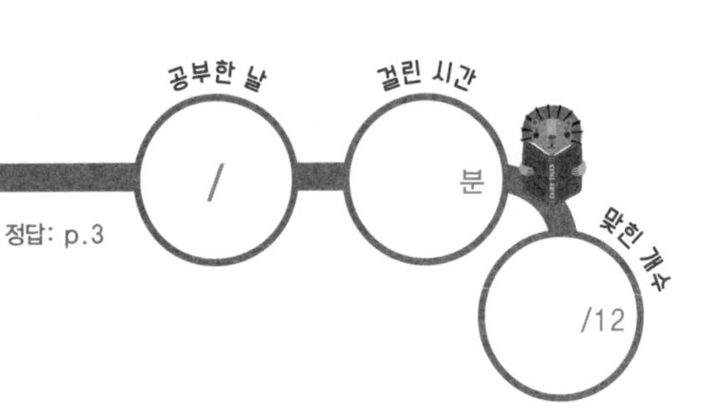

정답: p.3

계산을 하세요.

① $20\times3+45-6=$

② $87-13\times5+32=$

③ $50-14+27-5\times3=$

④ $13+72\div6-8=$

⑤ $28-49\div7+15=$

⑥ $45+11-51\div3=$

⑦ $144-(11+4)\times7=$

⑧ $15+3\times(21-6)=$

⑨ $(42-24)\times(18+12)=$

⑩ $30-100\div(13+7)=$

⑪ $49\div(14\div2)-5=$

⑫ $9-(12\div3-2)+5=$

기본 개념 알고 가기

무료 동영상강의로
개념을 쉽게 배워보세요!

약수

어떤 수를 나누어떨어지게 하는 수를 약수라고 해요.
예를 들어 8을 1, 2, 4, 8로 나누면 나누어 떨어져요.
이때 1, 2, 4, 8을 8의 약수라고 해요.
어떤 수의 약수에는 1과 어떤 수 자신은 항상 포함돼요.

약수 구하기

8의 약수 ➡ 8 ÷ ① = 8, 8 ÷ ② = 4, 8 ÷ ④ = 2, 8 ÷ ⑧ = 1
➡ 1, 2, 4, 8

배수

어떤 수를 1배, 2배, 3배, ……한 수를 배수라고 해요.
예를 들어 3을 1배하면 3, 2배하면 6, 3배하면 9, ……예요.
이때 3, 6, 9, ……를 3의 배수라고 해요.
어떤 수의 배수는 무수히 많아요.

배수 구하기

3의 배수 ➡ 3 × 1 = ③, 3 × 2 = ⑥, 3 × 3 = ⑨, 3 × 4 = ⑫, ……
➡ 3, 6, 9, 12, ……

하나. 약수와 배수를 공부합니다.
둘. 1은 모든 자연수의 약수입니다.
그래서 어떤 수의 약수 중에서 가장 작은 수는 1이고 가장 큰 수는 어떤 수 자신입니다.
셋. 배수를 구할 때는 곱셈을 이용한다는 것을 알게 합니다.
넷. 어떤 수의 배수 중에서 가장 작은 수는 어떤 수 자신이라는 것을 알게 합니다.

기본 개념 알고 가기

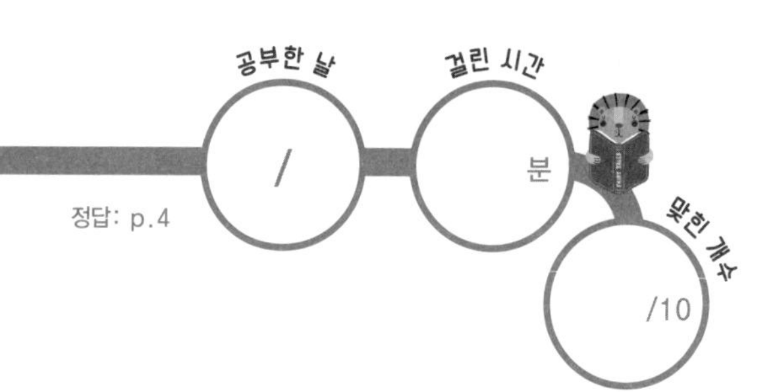

정답: p.4

 약수를 구하세요.

① 4의 약수 ➡ 4÷①=4, 4÷②=2, 4÷④=1 ➡ ____________________

② 12의 약수 ➡ ➡ ____________________

③ 14의 약수 ➡ ➡ ____________________

④ 20의 약수 ➡ ➡ ____________________

⑤ 25의 약수 ➡ ➡ ____________________

⑥ 44의 약수 ➡ ➡ ____________________

⑦ 51의 약수 ➡ ➡ ____________________

⑧ 56의 약수 ➡ ➡ ____________________

⑨ 63의 약수 ➡ ➡ ____________________

⑩ 98의 약수 ➡ ➡ ____________________

기본 개념 알고 가기

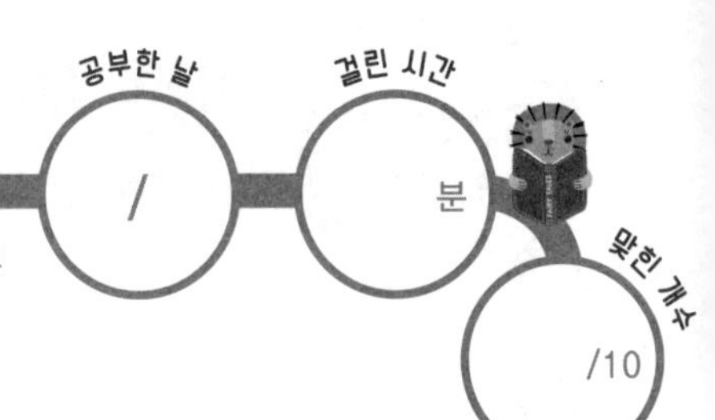

정답: p.4

배수를 가장 작은 수부터 6개 쓰세요.

① 3의 배수 ➡ 3, 6, _____, _____, _____, _____, ……

② 7의 배수 ➡ _____, _____, _____, _____, _____, _____, ……

③ 11의 배수 ➡ _____, _____, _____, _____, _____, _____, ……

④ 16의 배수 ➡ _____, _____, _____, _____, _____, _____, ……

⑤ 19의 배수 ➡ _____, _____, _____, _____, _____, _____, ……

⑥ 24의 배수 ➡ _____, _____, _____, _____, _____, _____, ……

⑦ 28의 배수 ➡ _____, _____, _____, _____, _____, _____, ……

⑧ 31의 배수 ➡ _____, _____, _____, _____, _____, _____, ……

⑨ 40의 배수 ➡ _____, _____, _____, _____, _____, _____, ……

⑩ 45의 배수 ➡ _____, _____, _____, _____, _____, _____, ……

기본 개념 알고 가기

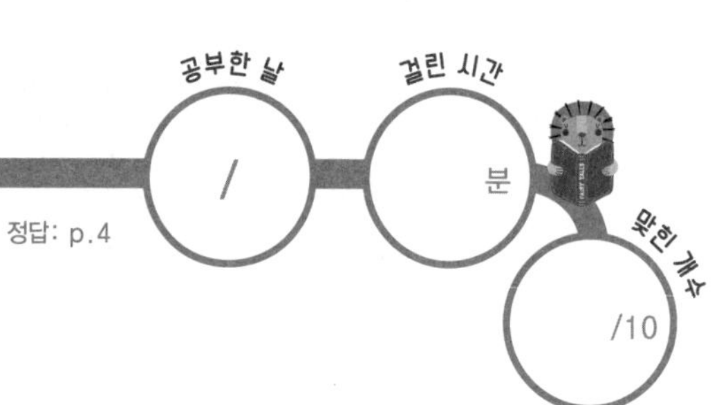

정답: p.4

약수를 구하세요.

① 16의 약수 ➡ ➡ ______________________

② 49의 약수 ➡ ➡ ______________________

③ 32의 약수 ➡ ➡ ______________________

④ 28의 약수 ➡ ➡ ______________________

⑤ 57의 약수 ➡ ➡ ______________________

배수를 가장 작은 수부터 6개 쓰세요.

⑥ 14의 배수 ➡ ______, ______, ______, ______, ______, ______, ……

⑦ 25의 배수 ➡ ______, ______, ______, ______, ______, ______, ……

⑧ 34의 배수 ➡ ______, ______, ______, ______, ______, ______, ……

⑨ 46의 배수 ➡ ______, ______, ______, ______, ______, ______, ……

⑩ 52의 배수 ➡ ______, ______, ______, ______, ______, ______, ……

무료 동영상강의로
개념을 쉽게 배워보세요!

공약수와 최대공약수

공약수와 최대공약수

두 수의 공통인 약수를 공약수라고 하고, 두 수의 공약수 중에서 가장 큰 수를 최대공약수라고 해요.

최대공약수 구하기

• 두 수의 약수에서 공약수와 최대공약수 구하기

두 수의 약수를 각각 구해요. 두 수의 약수 중에서 공통인 약수가 두 수의 공약수이고, 공약수 중에서 가장 큰 수가 두 수의 최대공약수예요.

두 수의 약수에서 공약수와 최대공약수 구하기

(8, 12) ➡ 8의 약수 ①, ②, ④, 8
12의 약수 ①, ②, 3, ④, 6, 12
➡ 공약수 1, 2, 4
최대공약수 4

• 두 수를 공약수로 나누어서 공약수와 최대공약수 구하기

1 이외의 공약수로 두 수를 나누고 각각의 몫을 밑에 써요. 1 이외에 공약수가 없을 때까지 계속 나누어요. 이때 나눈 공약수들의 곱이 처음 두 수의 최대공약수예요. 그리고 두 수의 공약수는 두 수의 최대공약수를 구한 다음 그 최대공약수의 약수를 구하면 돼요.

두 수를 공약수로 나누어서 공약수와 최대공약수 구하기

(8, 12) ➡
) 8 12
) 4 6
2 3
➡ 최대공약수 $2\times2=4$
공약수 1, 2, 4

하나. 두 수의 공약수와 최대공약수를 공부합니다.
둘. 두 수의 공약수는 두 수의 최대공약수의 약수와 같다는 것을 알게 합니다.

1 공약수와 최대공약수

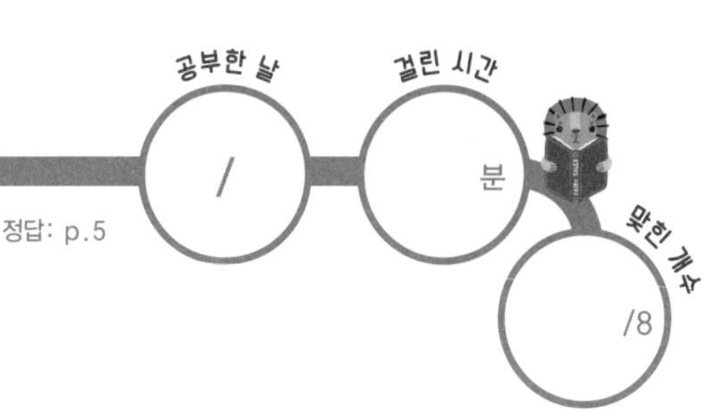

정답: p.5

두 수의 공약수와 최대공약수를 구하세요.

① (6, 8) ➡ 6의 약수 ①, ②, 3, 6 ➡ 공약수 ________
8의 약수 ①, ②, 4, 8 최대공약수 ________

② (9, 15) ➡ 9의 약수 ➡ 공약수 ________
15의 약수 최대공약수 ________

③ (12, 18) ➡ 12의 약수 ➡ 공약수 ________
18의 약수 최대공약수 ________

④ (15, 27) ➡ 15의 약수 ➡ 공약수 ________
27의 약수 최대공약수 ________

⑤ (20, 16) ➡ 20의 약수 ➡ 공약수 ________
16의 약수 최대공약수 ________

⑥ (28, 49) ➡ 28의 약수 ➡ 공약수 ________
49의 약수 최대공약수 ________

⑦ (35, 45) ➡ 35의 약수 ➡ 공약수 ________
45의 약수 최대공약수 ________

⑧ (40, 28) ➡ 40의 약수 ➡ 공약수 ________
28의 약수 최대공약수 ________

2 공약수와 최대공약수

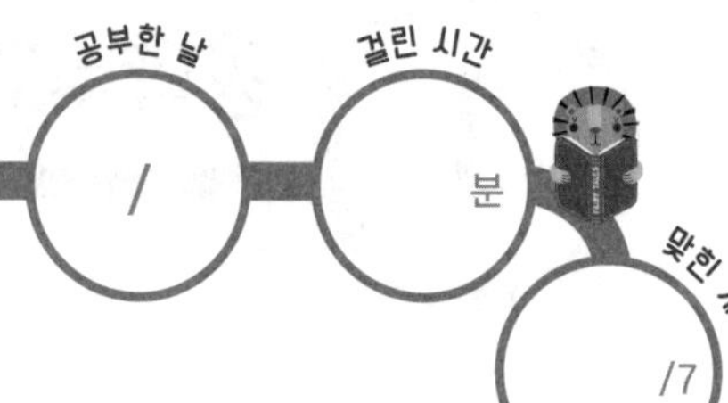

정답: p.5

두 수의 최대공약수를 구한 다음 공약수와 최대공약수의 관계를 이용하여 두 수의 공약수를 구하세요.

① (4, 12) ➡ 2) 4 12 / 2) 2 6 / 1 3 ➡ 최대공약수 ______ 공약수 ______

② (6, 20) ➡) ______ ➡ 최대공약수 ______ 공약수 ______

③ (10, 18) ➡) ______ ➡ 최대공약수 ______ 공약수 ______

④ (18, 24) ➡) ______ ➡ 최대공약수 ______ 공약수 ______

⑤ (21, 14) ➡) ______ ➡ 최대공약수 ______ 공약수 ______

⑥ (27, 9) ➡) ______ ➡ 최대공약수 ______ 공약수 ______

⑦ (36, 8) ➡) ______ ➡ 최대공약수 ______ 공약수 ______

3 공약수와 최대공약수

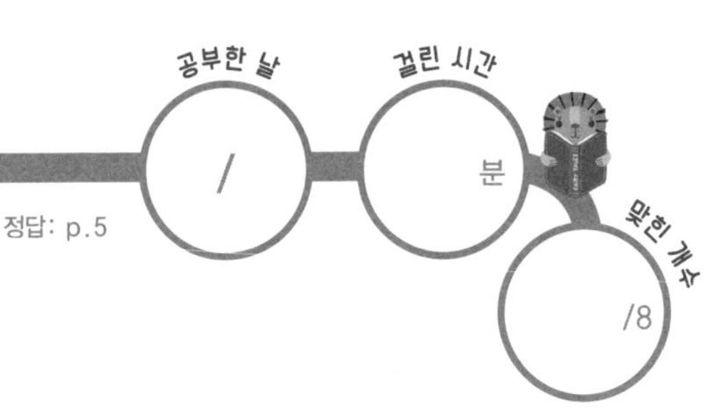

정답: p.5

두 수의 공약수와 최대공약수를 구하세요.

① (4, 8) ➡ 4의 약수 ①, ②, ④ ➡ 공약수 ______

8의 약수 ①, ②, ④, 8 최대공약수 ______

② (7, 21) ➡ 7의 약수 ➡ 공약수 ______

21의 약수 최대공약수 ______

③ (10, 25) ➡ 10의 약수 ➡ 공약수 ______

25의 약수 최대공약수 ______

④ (16, 28) ➡ 16의 약수 ➡ 공약수 ______

28의 약수 최대공약수 ______

⑤ (21, 27) ➡ 21의 약수 ➡ 공약수 ______

27의 약수 최대공약수 ______

⑥ (32, 20) ➡ 32의 약수 ➡ 공약수 ______

20의 약수 최대공약수 ______

⑦ (40, 72) ➡ 40의 약수 ➡ 공약수 ______

72의 약수 최대공약수 ______

⑧ (42, 48) ➡ 42의 약수 ➡ 공약수 ______

48의 약수 최대공약수 ______

공약수와 최대공약수

정답: p.5

두 수의 최대공약수를 구한 다음 공약수와 최대공약수의 관계를 이용하여 두 수의 공약수를 구하세요.

① (6, 12) ➡

```
2 ) 6  12
3 ) 3   6
    1   2
```

➡ 최대공약수 ______

공약수 ______

② (8, 20) ➡) ______ ➡ 최대공약수 ______

공약수 ______

③ (12, 27) ➡) ______ ➡ 최대공약수 ______

공약수 ______

④ (15, 25) ➡) ______ ➡ 최대공약수 ______

공약수 ______

⑤ (18, 6) ➡) ______ ➡ 최대공약수 ______

공약수 ______

⑥ (20, 30) ➡) ______ ➡ 최대공약수 ______

공약수 ______

⑦ (30, 45) ➡) ______ ➡ 최대공약수 ______

공약수 ______

5 공약수와 최대공약수

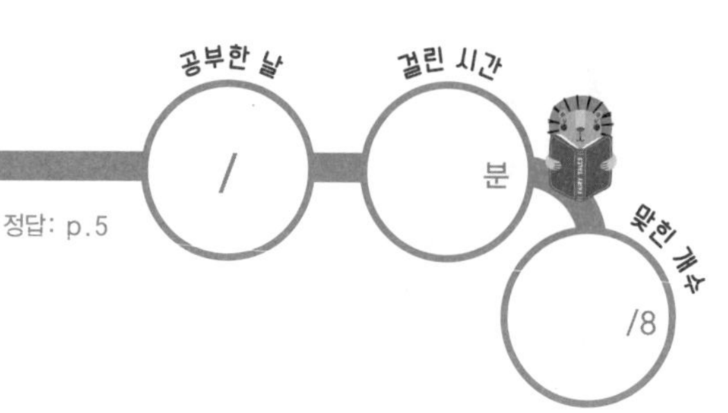

정답: p.5

두 수의 공약수와 최대공약수를 구하세요.

① (2, 4) ➡ 2의 약수
4의 약수
➡ 공약수 ____________
최대공약수 ____________

② (6, 18) ➡ 6의 약수
18의 약수
➡ 공약수 ____________
최대공약수 ____________

③ (12, 16) ➡ 12의 약수
16의 약수
➡ 공약수 ____________
최대공약수 ____________

④ (18, 4) ➡ 18의 약수
4의 약수
➡ 공약수 ____________
최대공약수 ____________

⑤ (25, 30) ➡ 25의 약수
30의 약수
➡ 공약수 ____________
최대공약수 ____________

⑥ (28, 49) ➡ 28의 약수
49의 약수
➡ 공약수 ____________
최대공약수 ____________

⑦ (32, 24) ➡ 32의 약수
24의 약수
➡ 공약수 ____________
최대공약수 ____________

⑧ (56, 35) ➡ 56의 약수
35의 약수
➡ 공약수 ____________
최대공약수 ____________

6 공약수와 최대공약수

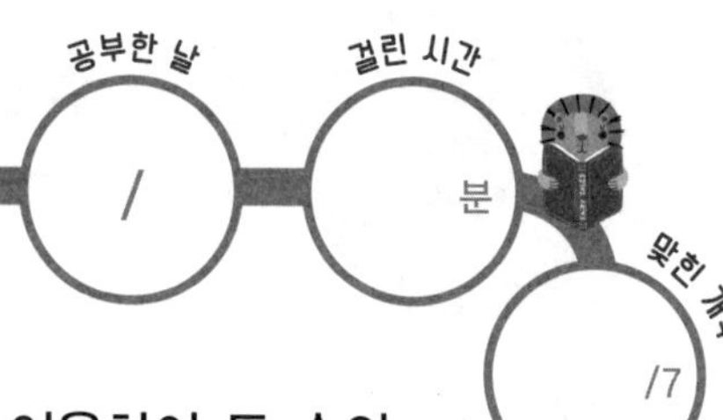

정답: p.5

두 수의 최대공약수를 구한 다음 공약수와 최대공약수의 관계를 이용하여 두 수의 공약수를 구하세요.

① (4, 18) ➡) ______ ➡ 최대공약수 ______
공약수 ______

② (8, 28) ➡) ______ ➡ 최대공약수 ______
공약수 ______

③ (12, 16) ➡) ______ ➡ 최대공약수 ______
공약수 ______

④ (15, 18) ➡) ______ ➡ 최대공약수 ______
공약수 ______

⑤ (21, 28) ➡) ______ ➡ 최대공약수 ______
공약수 ______

⑥ (24, 15) ➡) ______ ➡ 최대공약수 ______
공약수 ______

⑦ (30, 12) ➡) ______ ➡ 최대공약수 ______
공약수 ______

7 공약수와 최대공약수

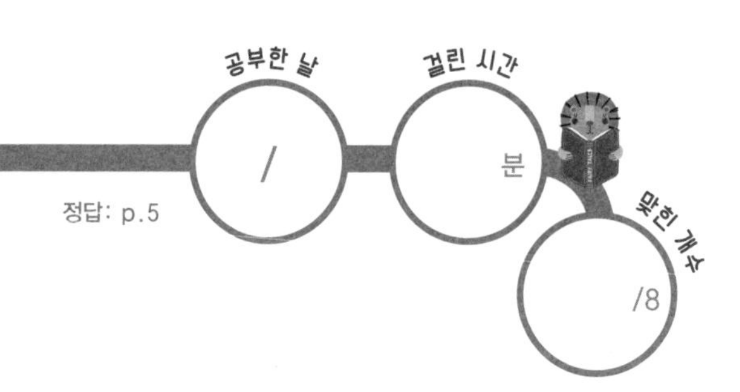

정답: p.5

두 수의 공약수와 최대공약수를 구하세요.

① (3, 12) ➡ 3의 약수
12의 약수
➡ 공약수 ____________
최대공약수 ____________

② (8, 20) ➡ 8의 약수
20의 약수
➡ 공약수 ____________
최대공약수 ____________

③ (9, 27) ➡ 9의 약수
27의 약수
➡ 공약수 ____________
최대공약수 ____________

④ (14, 42) ➡ 14의 약수
42의 약수
➡ 공약수 ____________
최대공약수 ____________

⑤ (16, 6) ➡ 16의 약수
6의 약수
➡ 공약수 ____________
최대공약수 ____________

⑥ (30, 18) ➡ 30의 약수
18의 약수
➡ 공약수 ____________
최대공약수 ____________

⑦ (36, 24) ➡ 36의 약수
24의 약수
➡ 공약수 ____________
최대공약수 ____________

⑧ (52, 65) ➡ 52의 약수
65의 약수
➡ 공약수 ____________
최대공약수 ____________

8 공약수와 최대공약수

정답: p.5

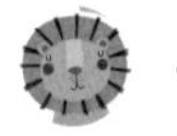

두 수의 최대공약수를 구한 다음 공약수와 최대공약수의 관계를 이용하여 두 수의 공약수를 구하세요.

① (3, 9) ➡)______ ➡ 최대공약수 ______

공약수 ______

② (6, 10) ➡)______ ➡ 최대공약수 ______

공약수 ______

③ (8, 52) ➡)______ ➡ 최대공약수 ______

공약수 ______

④ (10, 30) ➡)______ ➡ 최대공약수 ______

공약수 ______

⑤ (12, 32) ➡)______ ➡ 최대공약수 ______

공약수 ______

⑥ (18, 9) ➡)______ ➡ 최대공약수 ______

공약수 ______

⑦ (27, 15) ➡)______ ➡ 최대공약수 ______

공약수 ______

공배수와 최소공배수

공배수와 최소공배수

두 수의 공통인 배수를 공배수라고 하고, 두 수의 공배수 중에서 가장 작은 수를 최소공배수라고 해요.

최소공배수 구하기

• 두 수의 배수에서 공배수와 최소공배수 구하기

두 수의 배수를 각각 구해요. 두 수의 배수 중에서 공통인 배수가 두 수의 공배수이고, 공배수 중에서 가장 작은 수가 두 수의 최소공배수예요.

두 수의 배수에서 공배수와 최소공배수 구하기

(6, 9) ➡ 6의 배수 6, 12, (18), 24, 30, (36), 42, 48, (54), 60, ……
9의 배수 9, (18), 27, (36), 45, (54), 63, ……
➡ 공배수 18, 36, 54, ……
최소공배수 18

• 두 수를 공약수로 나누어서 공배수와 최소공배수 구하기

1 이외에 공약수로 두 수를 나누고 각각의 몫을 밑에 써요.
1 이외에 공약수가 없을 때까지 계속 나누어요.
이때 나눈 공약수와 밑에 남은 몫의 곱이 처음 두 수의 최소공배수예요.
그리고 두 수의 공배수는 두 수의 최소공배수를 구한 다음 그 최소공배수의 배수를 구하면 돼요.

두 수를 공약수로 나누어서 공배수와 최소공배수 구하기

(6, 9) ➡) 6 9 ➡ 최소공배수 $3\times2\times3=18$
공배수 18, 36, 54, ……

하나. 두 수의 공배수와 최소공배수를 공부합니다.
둘. 두 수의 공배수는 두 수의 최소공배수의 배수와 같다는 것을 알게 합니다.

1 공배수와 최소공배수

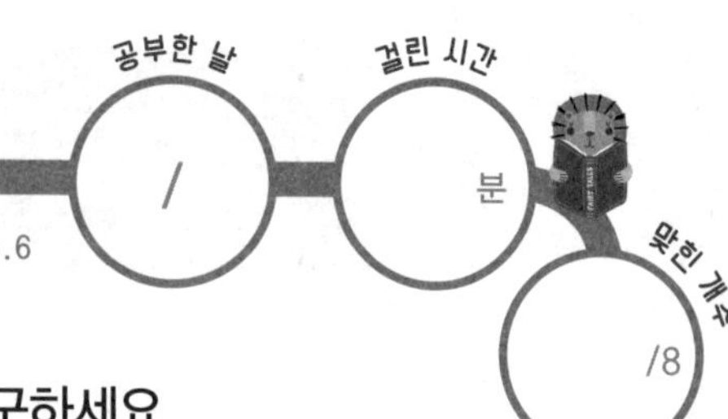

정답: p.6

두 수의 공배수를 가장 작은 수부터 3개를 쓰고, 최소공배수를 구하세요.

① (4, 2) ➡ 4의 배수 ④, ⑧, ⑫, 16, …… ➡ 공배수 ______
2의 배수 2, ④, 6, ⑧, 10, ⑫, …… 최소공배수 ______

② (5, 3) ➡ 5의 배수 ➡ 공배수 ______
3의 배수 최소공배수 ______

③ (8, 20) ➡ 8의 배수 ➡ 공배수 ______
20의 배수 최소공배수 ______

④ (12, 18) ➡ 12의 배수 ➡ 공배수 ______
18의 배수 최소공배수 ______

⑤ (15, 20) ➡ 15의 배수 ➡ 공배수 ______
20의 배수 최소공배수 ______

⑥ (28, 14) ➡ 28의 배수 ➡ 공배수 ______
14의 배수 최소공배수 ______

⑦ (33, 11) ➡ 33의 배수 ➡ 공배수 ______
11의 배수 최소공배수 ______

⑧ (45, 18) ➡ 45의 배수 ➡ 공배수 ______
18의 배수 최소공배수 ______

2 공배수와 최소공배수

정답: p.6

두 수의 최소공배수를 구한 다음 공배수와 최소공배수의 관계를 이용하여 두 수의 공배수를 가장 작은 수부터 3개 쓰세요.

① (6, 9) ➡ 3) 6 9 / 2 3 ➡ 최소공배수 ________
공배수 ________

② (7, 21) ➡) ______ ➡ 최소공배수 ________
공배수 ________

③ (10, 16) ➡) ______ ➡ 최소공배수 ________
공배수 ________

④ (12, 27) ➡) ______ ➡ 최소공배수 ________
공배수 ________

⑤ (18, 24) ➡) ______ ➡ 최소공배수 ________
공배수 ________

⑥ (25, 50) ➡) ______ ➡ 최소공배수 ________
공배수 ________

⑦ (30, 18) ➡) ______ ➡ 최소공배수 ________
공배수 ________

3 공배수와 최소공배수

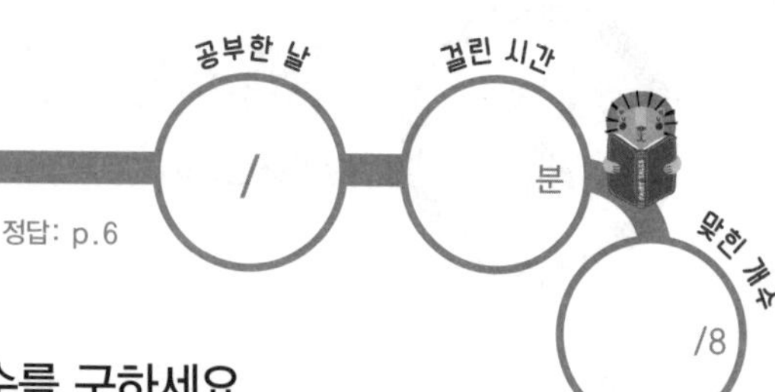

정답: p.6

두 수의 공배수를 가장 작은 수부터 3개를 쓰고, 최소공배수를 구하세요.

① (3, 6) ➡ 3의 배수 3, ⑥, 9, ⑫, 15, ⑱, ······ ➡ 공배수 ______
6의 배수 ⑥, ⑫, ⑱, ······ 최소공배수 ______

② (6, 8) ➡ 6의 배수 ➡ 공배수 ______
8의 배수 최소공배수 ______

③ (10, 15) ➡ 10의 배수 ➡ 공배수 ______
15의 배수 최소공배수 ______

④ (12, 28) ➡ 12의 배수 ➡ 공배수 ______
28의 배수 최소공배수 ______

⑤ (16, 24) ➡ 16의 배수 ➡ 공배수 ______
24의 배수 최소공배수 ______

⑥ (21, 14) ➡ 21의 배수 ➡ 공배수 ______
14의 배수 최소공배수 ______

⑦ (40, 20) ➡ 40의 배수 ➡ 공배수 ______
20의 배수 최소공배수 ______

⑧ (63, 21) ➡ 63의 배수 ➡ 공배수 ______
21의 배수 최소공배수 ______

4 공배수와 최소공배수

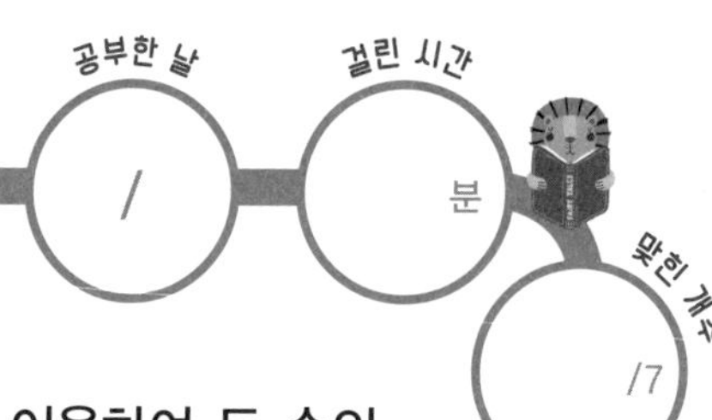

정답: p.6

두 수의 최소공배수를 구한 다음 공배수와 최소공배수의 관계를 이용하여 두 수의 공배수를 가장 작은 수부터 3개 쓰세요.

① (8, 12) ➡ 2) 8 12 / 2) 4 6 / 2 3 ➡ 최소공배수 ________
공배수 ________

② (9, 24) ➡) ________ ➡ 최소공배수 ________
공배수 ________

③ (12, 16) ➡) ________ ➡ 최소공배수 ________
공배수 ________

④ (18, 45) ➡) ________ ➡ 최소공배수 ________
공배수 ________

⑤ (24, 36) ➡) ________ ➡ 최소공배수 ________
공배수 ________

⑥ (26, 13) ➡) ________ ➡ 최소공배수 ________
공배수 ________

⑦ (30, 10) ➡) ________ ➡ 최소공배수 ________
공배수 ________

5 공배수와 최소공배수

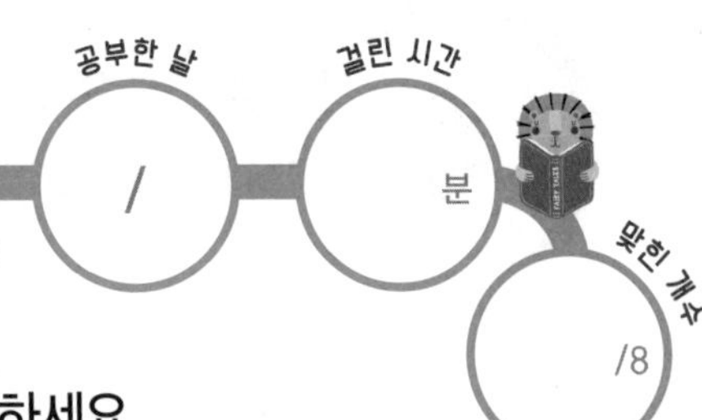

정답: p.6

두 수의 공배수를 가장 작은 수부터 3개를 쓰고, 최소공배수를 구하세요.

① (2, 3) ➡ 2의 배수
3의 배수
➡ 공배수 ______
최소공배수 ______

② (5, 20) ➡ 5의 배수
20의 배수
➡ 공배수 ______
최소공배수 ______

③ (10, 8) ➡ 10의 배수
8의 배수
➡ 공배수 ______
최소공배수 ______

④ (18, 27) ➡ 18의 배수
27의 배수
➡ 공배수 ______
최소공배수 ______

⑤ (30, 15) ➡ 30의 배수
15의 배수
➡ 공배수 ______
최소공배수 ______

⑥ (36, 27) ➡ 36의 배수
27의 배수
➡ 공배수 ______
최소공배수 ______

⑦ (42, 28) ➡ 42의 배수
28의 배수
➡ 공배수 ______
최소공배수 ______

⑧ (48, 16) ➡ 48의 배수
16의 배수
➡ 공배수 ______
최소공배수 ______

6 공배수와 최소공배수

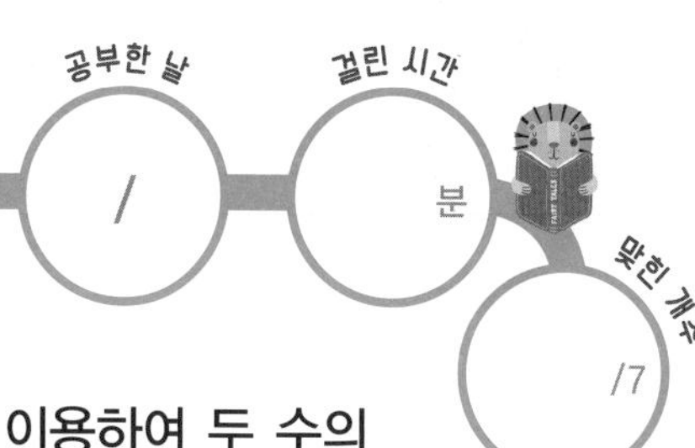

정답: p.6

두 수의 최소공배수를 구한 다음 공배수와 최소공배수의 관계를 이용하여 두 수의 공배수를 가장 작은 수부터 3개 쓰세요.

① (2, 8) ➡) ______ ➡ 최소공배수 ______

공배수 ______

② (4, 12) ➡) ______ ➡ 최소공배수 ______

공배수 ______

③ (6, 15) ➡) ______ ➡ 최소공배수 ______

공배수 ______

④ (10, 25) ➡) ______ ➡ 최소공배수 ______

공배수 ______

⑤ (16, 20) ➡) ______ ➡ 최소공배수 ______

공배수 ______

⑥ (21, 9) ➡) ______ ➡ 최소공배수 ______

공배수 ______

⑦ (35, 28) ➡) ______ ➡ 최소공배수 ______

공배수 ______

7 공배수와 최소공배수

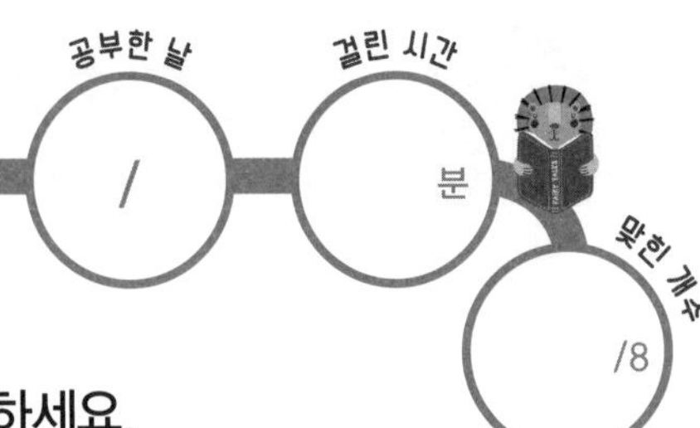

정답: p.6

두 수의 공배수를 가장 작은 수부터 3개를 쓰고, 최소공배수를 구하세요.

① (3, 9) ➡ 3의 배수
9의 배수
➡ 공배수 ________
최소공배수 ________

② (6, 10) ➡ 6의 배수
10의 배수
➡ 공배수 ________
최소공배수 ________

③ (12, 30) ➡ 12의 배수
30의 배수
➡ 공배수 ________
최소공배수 ________

④ (16, 18) ➡ 16의 배수
18의 배수
➡ 공배수 ________
최소공배수 ________

⑤ (24, 16) ➡ 24의 배수
16의 배수
➡ 공배수 ________
최소공배수 ________

⑥ (25, 35) ➡ 25의 배수
35의 배수
➡ 공배수 ________
최소공배수 ________

⑦ (40, 10) ➡ 40의 배수
10의 배수
➡ 공배수 ________
최소공배수 ________

⑧ (44, 22) ➡ 44의 배수
22의 배수
➡ 공배수 ________
최소공배수 ________

8 공배수와 최소공배수

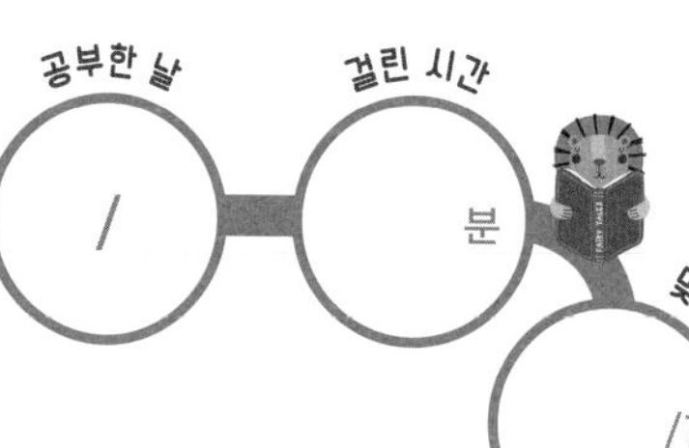

정답: p.6

두 수의 최소공배수를 구한 다음 공배수와 최소공배수의 관계를 이용하여 두 수의 공배수를 가장 작은 수부터 3개 쓰세요.

① (3, 12) ➡) ______ ➡ 최소공배수 ______

공배수 ______

② (8, 28) ➡) ______ ➡ 최소공배수 ______

공배수 ______

③ (9, 15) ➡) ______ ➡ 최소공배수 ______

공배수 ______

④ (18, 36) ➡) ______ ➡ 최소공배수 ______

공배수 ______

⑤ (16, 14) ➡) ______ ➡ 최소공배수 ______

공배수 ______

⑥ (25, 20) ➡) ______ ➡ 최소공배수 ______

공배수 ______

⑦ (30, 40) ➡) ______ ➡ 최소공배수 ______

공배수 ______

실력 체크

중간 점검

1-A 자연수의 혼합 계산 ①

공부한 날	월	일
걸린 시간	분	초
맞힌 개수		/12

정답: p.7

계산 순서를 나타내고, 계산을 하세요.

① $24+52-48=$

⑦ $24\div6\times8=$

② $93-79+32=$

⑧ $5\times16\div2=$

③ $25-6+12+32=$

⑨ $15\times6\div9\times2=$

④ $40-(23+11)=$

⑩ $100\div(36\div9)=$

⑤ $51-(36-17)=$

⑪ $48\div(12\div4)\times5=$

⑥ $63+18-(82-15)=$

⑫ $320\div(8\times5)\times7=$

실력 체크 1-B 자연수의 혼합 계산 ①

공부한 날	월	일
걸린 시간	분	초
맞힌 개수		/10

정답: p.7

 계산을 하세요.

① $34+29-18=$

⑥ $67-(28+15)=$

② $78+25+31-46=$

⑦ $85+13-(53-18)=$

③ $156\div6\times7=$

⑧ $128\div(2\times8)=$

④ $18\div3\times12\div2=$

⑨ $553\div(98\div14)=$

⑤ $12\times7\times6\div4=$

⑩ $864\div(3\times4)\div6=$

자연수의 혼합 계산 ②

공부한 날	월	일
걸린 시간	분	초
맞힌 개수		/12

정답: p.7

계산 순서를 나타내고, 계산을 하세요.

① $16+3\times9-7=$

② $210-7\times20+18=$

③ $65+7-4\times9-16=$

④ $12\times(17-11+5)=$

⑤ $(47-39)\times(11+5)=$

⑥ $12\times40-45\times(10-2)=$

⑦ $27+8-45\div5=$

⑧ $98\div14+60\div3=$

⑨ $17-9+64\div8=$

⑩ $(36-4+7)\div13=$

⑪ $(62-14)\div(30\div5)=$

⑫ $150\div(12+18)+20-6=$

자연수의 혼합 계산 ②

공부한 날	월	일
걸린 시간	분	초
맞힌 개수		/10

정답: p.7

계산을 하세요.

① $111-9\times7-18=$

⑥ $(51-16)\times3-28=$

② $45+17-6\times4=$

⑦ $120-(9\times8+13)=$

③ $37-4\times5+18-20=$

⑧ $84\div(16+8-3)=$

④ $50-121\div11-18=$

⑨ $13+9-60\div(15\div3)=$

⑤ $30+6-17+12\div4=$

⑩ $216\div(49\div7+11)-8=$

공약수와 최대공약수

공부한 날	월	일
걸린 시간	분	초
맞힌 개수		/8

정답: p.7

두 수의 공약수와 최대공약수를 구하세요.

① (12, 16) ➡ 12의 약수 ➡ 공약수 ________
16의 약수 최대공약수 ________

② (8, 4) ➡ 8의 약수 ➡ 공약수 ________
4의 약수 최대공약수 ________

③ (10, 20) ➡ 10의 약수 ➡ 공약수 ________
20의 약수 최대공약수 ________

④ (28, 20) ➡ 28의 약수 ➡ 공약수 ________
20의 약수 최대공약수 ________

⑤ (6, 15) ➡ 6의 약수 ➡ 공약수 ________
15의 약수 최대공약수 ________

⑥ (24, 12) ➡ 24의 약수 ➡ 공약수 ________
12의 약수 최대공약수 ________

⑦ (15, 45) ➡ 15의 약수 ➡ 공약수 ________
45의 약수 최대공약수 ________

⑧ (36, 63) ➡ 36의 약수 ➡ 공약수 ________
63의 약수 최대공약수 ________

공약수와 최대공약수

공부한 날 월 일
걸린 시간 분 초
맞힌 개수 /5

정답: p.7

두 수의 최대공약수를 구한 다음 공약수와 최대공약수의 관계를 이용하여 두 수의 공약수를 구하세요.

① (15, 10) ➡) ______ ➡ 최대공약수 ______

공약수 ______

② (8, 24) ➡) ______ ➡ 최대공약수 ______

공약수 ______

③ (4, 16) ➡) ______ ➡ 최대공약수 ______

공약수 ______

④ (18, 20) ➡) ______ ➡ 최대공약수 ______

공약수 ______

⑤ (42, 24) ➡) ______ ➡ 최대공약수 ______

공약수 ______

공배수와 최소공배수

공부한 날	월	일
걸린 시간	분	초
맞힌 개수		/8

정답: p.7

두 수의 공배수를 가장 작은 수부터 3개를 쓰고, 최소공배수를 구하세요.

① (15, 12) ➡ 15의 배수
12의 배수
➡ 공배수 ________
최소공배수 ________

② (6, 15) ➡ 6의 배수
15의 배수
➡ 공배수 ________
최소공배수 ________

③ (8, 24) ➡ 8의 배수
24의 배수
➡ 공배수 ________
최소공배수 ________

④ (3, 4) ➡ 3의 배수
4의 배수
➡ 공배수 ________
최소공배수 ________

⑤ (40, 16) ➡ 40의 배수
16의 배수
➡ 공배수 ________
최소공배수 ________

⑥ (35, 14) ➡ 35의 배수
14의 배수
➡ 공배수 ________
최소공배수 ________

⑦ (22, 11) ➡ 22의 배수
11의 배수
➡ 공배수 ________
최소공배수 ________

⑧ (48, 24) ➡ 48의 배수
24의 배수
➡ 공배수 ________
최소공배수 ________

4-B 공배수와 최소공배수

공부한 날	월	일
걸린 시간	분	초
맞힌 개수		/5

정답: p.7

두 수의 최소공배수를 구한 다음 공배수와 최소공배수의 관계를 이용하여 두 수의 공배수를 가장 작은 수부터 3개 쓰세요.

① (4, 14) ➡) ______ ➡ 최소공배수 ______

공배수 ______

② (21, 6) ➡) ______ ➡ 최소공배수 ______

공배수 ______

③ (16, 12) ➡) ______ ➡ 최소공배수 ______

공배수 ______

④ (24, 32) ➡) ______ ➡ 최소공배수 ______

공배수 ______

⑤ (15, 5) ➡) ______ ➡ 최소공배수 ______

공배수 ______

무료 동영상강의로
개념을 쉽게 배워보세요!

약분

약분

분모와 분자를 그들의 공약수로 나누어 간단히 하는 것을 약분한다고 해요.
약분은 분모와 분자를 1을 제외한 공약수로 나누는 것이에요.

약분하기

$\frac{24}{30}$ ➡ 24와 30의 공약수 : 1, 2, 3, 6

➡ $\frac{24}{30}=\frac{24\div2}{30\div2}=\frac{12}{15}$ $\frac{24}{30}=\frac{24\div3}{30\div3}=\frac{8}{10}$

$\frac{24}{30}=\frac{24\div6}{30\div6}=\frac{4}{5}$

최대공약수를 이용하여 기약분수로 나타내기

분모와 분자의 공약수가 1뿐인 분수를 기약분수라고 해요.
분모와 분자를 최대공약수로 나누어 기약분수로 나타낼 수 있어요.

기약분수로 나타내기

$\frac{24}{30}$ ➡ 24와 30의 최대공약수 : 6

➡ $\frac{24}{30}=\frac{24\div6}{30\div6}=\frac{4}{5}$

하나. 약분과 기약분수를 공부합니다.

둘. 분모와 분자의 공약수로 더 이상 나누어지지 않을 때까지 나누어서 기약분수를 구할 수 있다는 것도 알게 합니다.

셋. $\frac{\overset{4}{\cancel{24}}}{\underset{5}{\cancel{30}}}=\frac{4}{5}$ 로 약분을 간단히 나타낼 수 있음을 알게 합니다.

약분

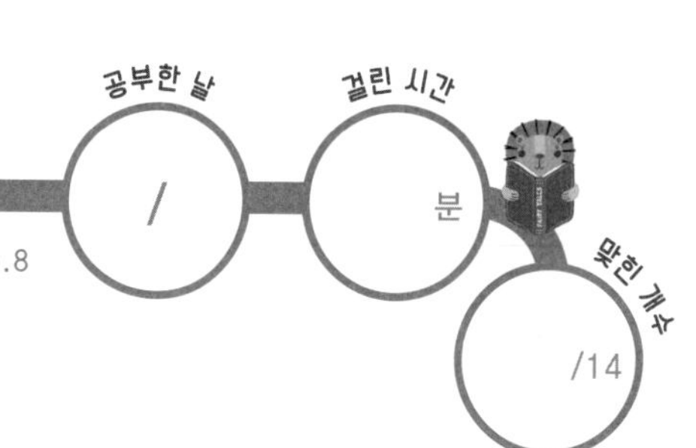

정답: p.8

주어진 분수를 약분하여 □ 안에 알맞은 수를 써넣으세요.

① $\frac{2}{6} \Rightarrow \frac{\square}{3}$

② $\frac{4}{8} \Rightarrow \frac{\square}{4} \Rightarrow \frac{\square}{2}$

③ $\frac{8}{12} \Rightarrow \frac{4}{\square} \Rightarrow \frac{2}{\square}$

④ $\frac{3}{15} \Rightarrow \frac{\square}{5}$

⑤ $\frac{6}{16} \Rightarrow \frac{3}{\square}$

⑥ $\frac{4}{18} \Rightarrow \frac{\square}{9}$

⑦ $\frac{8}{20} \Rightarrow \frac{4}{\square} \Rightarrow \frac{\square}{5}$

⑧ $\frac{6}{21} \Rightarrow \frac{2}{\square}$

⑨ $\frac{3}{24} \Rightarrow \frac{\square}{8}$

⑩ $\frac{12}{28} \Rightarrow \frac{6}{14} \Rightarrow \frac{3}{\square}$

⑪ $\frac{15}{30} \Rightarrow \frac{\square}{10} \Rightarrow \frac{1}{\square}$

⑫ $\frac{20}{32} \Rightarrow \frac{10}{\square} \Rightarrow \frac{5}{\square}$

⑬ $\frac{5}{35} \Rightarrow \frac{1}{\square}$

⑭ $\frac{4}{36} \Rightarrow \frac{2}{\square} \Rightarrow \frac{1}{\square}$

약분

공부한 날 /
걸린 시간 분
맞힌 개수 /14

정답: p.8

 분수를 기약분수로 나타내세요.

① $\frac{3}{12}=$

② $\frac{12}{15}=$

③ $\frac{8}{16}=$

④ $\frac{8}{22}=$

⑤ $\frac{9}{27}=$

⑥ $\frac{16}{28}=$

⑦ $\frac{24}{30}=$

⑧ $\frac{20}{35}=$

⑨ $\frac{15}{36}=$

⑩ $\frac{12}{42}=$

⑪ $\frac{4}{46}=$

⑫ $\frac{14}{49}=$

⑬ $\frac{6}{52}=$

⑭ $\frac{33}{55}=$

약분

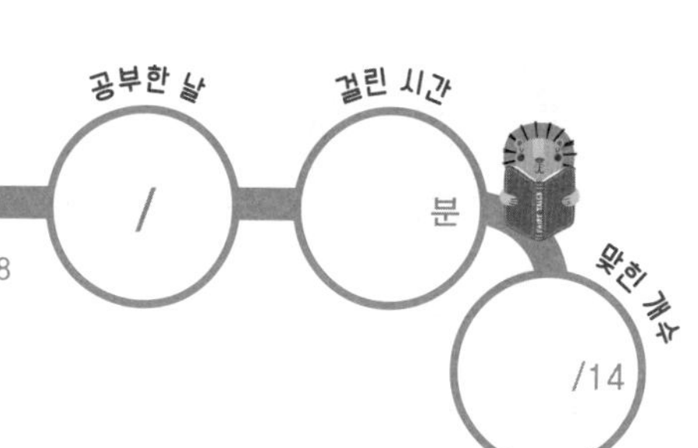

정답: p.8

주어진 분수를 약분하여 □ 안에 알맞은 수를 써넣으세요.

① $\frac{6}{8} \Rightarrow \frac{\square}{4}$

② $\frac{4}{10} \Rightarrow \frac{2}{\square}$

③ $\frac{6}{12} \Rightarrow \frac{\square}{6} \Rightarrow \frac{\square}{2}$

④ $\frac{9}{15} \Rightarrow \frac{\square}{5}$

⑤ $\frac{4}{16} \Rightarrow \frac{2}{\square} \Rightarrow \frac{\square}{4}$

⑥ $\frac{9}{18} \Rightarrow \frac{\square}{6} \Rightarrow \frac{1}{\square}$

⑦ $\frac{12}{20} \Rightarrow \frac{6}{10} \Rightarrow \frac{\square}{5}$

⑧ $\frac{3}{21} \Rightarrow \frac{1}{\square}$

⑨ $\frac{10}{24} \Rightarrow \frac{\square}{12}$

⑩ $\frac{4}{28} \Rightarrow \frac{2}{\square} \Rightarrow \frac{1}{\square}$

⑪ $\frac{10}{30} \Rightarrow \frac{\square}{15} \Rightarrow \frac{\square}{3}$

⑫ $\frac{10}{32} \Rightarrow \frac{5}{\square}$

⑬ $\frac{8}{36} \Rightarrow \frac{4}{\square} \Rightarrow \frac{2}{\square}$

⑭ $\frac{15}{39} \Rightarrow \frac{\square}{13}$

약분

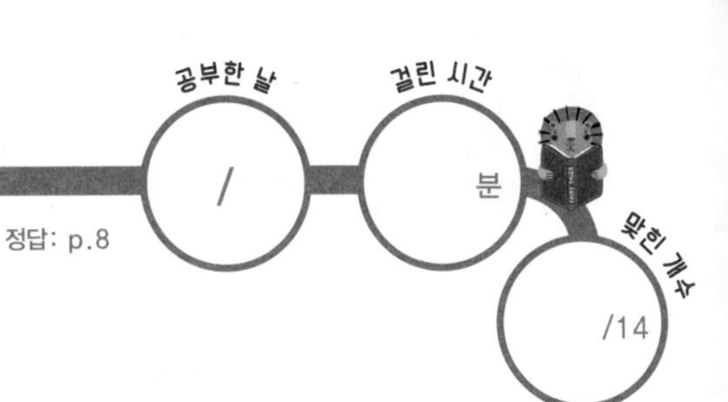

정답: p.8

분수를 기약분수로 나타내세요.

① $\frac{6}{14}=$

② $\frac{10}{16}=$

③ $\frac{12}{18}=$

④ $\frac{2}{24}=$

⑤ $\frac{15}{25}=$

⑥ $\frac{18}{27}=$

⑦ $\frac{8}{32}=$

⑧ $\frac{21}{35}=$

⑨ $\frac{16}{38}=$

⑩ $\frac{8}{40}=$

⑪ $\frac{12}{45}=$

⑫ $\frac{7}{49}=$

⑬ $\frac{9}{51}=$

⑭ $\frac{12}{54}=$

약분

정답: p.8

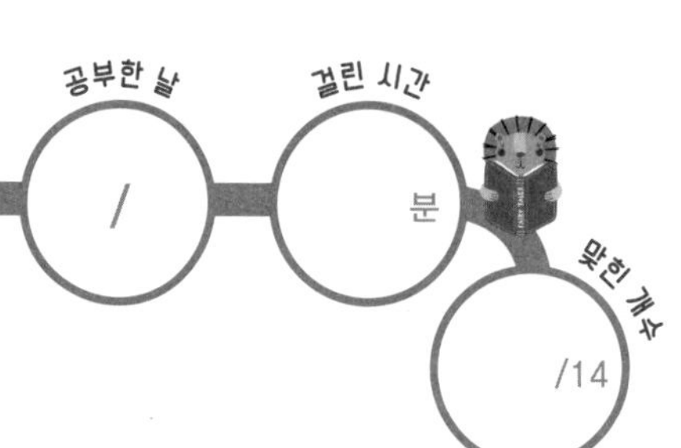

 주어진 분수를 약분하여 □ 안에 알맞은 수를 써넣으세요.

① $\frac{6}{9} \Rightarrow \frac{2}{\square}$

② $\frac{6}{18} \Rightarrow \frac{\square}{9} \Rightarrow \frac{\square}{3}$

③ $\frac{4}{24} \Rightarrow \frac{2}{12} \Rightarrow \frac{\square}{6}$

④ $\frac{10}{35} \Rightarrow \frac{\square}{7}$

⑤ $\frac{8}{42} \Rightarrow \frac{\square}{21}$

⑥ $\frac{14}{49} \Rightarrow \frac{2}{\square}$

⑦ $\frac{12}{60} \Rightarrow \frac{6}{\square} \Rightarrow \frac{3}{\square} \Rightarrow \frac{1}{\square}$

⑧ $\frac{8}{14} \Rightarrow \frac{\square}{7}$

⑨ $\frac{10}{20} \Rightarrow \frac{\square}{10} \Rightarrow \frac{1}{\square}$

⑩ $\frac{16}{28} \Rightarrow \frac{8}{\square} \Rightarrow \frac{4}{\square}$

⑪ $\frac{5}{40} \Rightarrow \frac{1}{\square}$

⑫ $\frac{18}{45} \Rightarrow \frac{\square}{15} \Rightarrow \frac{\square}{5}$

⑬ $\frac{6}{52} \Rightarrow \frac{3}{\square}$

⑭ $\frac{27}{63} \Rightarrow \frac{9}{\square} \Rightarrow \frac{\square}{7}$

6 약분

공부한 날 /
걸린 시간 분
맞힌 개수 /14

정답: p.8

 분수를 기약분수로 나타내세요.

① $\frac{9}{15}=$

② $\frac{10}{16}=$

③ $\frac{6}{21}=$

④ $\frac{2}{24}=$

⑤ $\frac{16}{28}=$

⑥ $\frac{21}{30}=$

⑦ $\frac{14}{35}=$

⑧ $\frac{26}{39}=$

⑨ $\frac{15}{40}=$

⑩ $\frac{27}{45}=$

⑪ $\frac{20}{48}=$

⑫ $\frac{15}{54}=$

⑬ $\frac{12}{56}=$

⑭ $\frac{8}{62}=$

약분

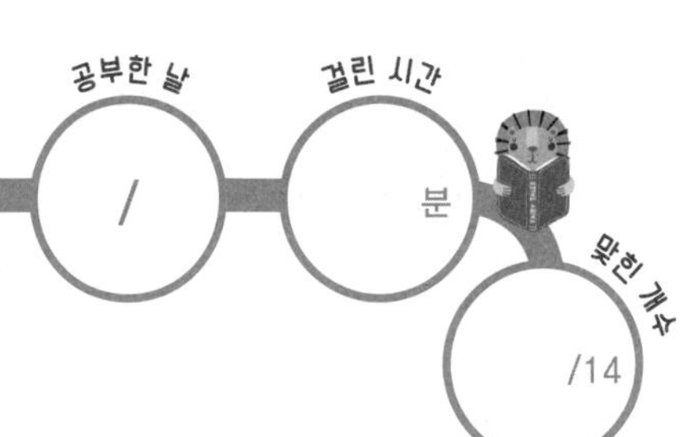

정답: p.8

주어진 분수를 약분하여 □ 안에 알맞은 수를 써넣으세요.

① $\frac{9}{12} \Rightarrow \frac{3}{\square}$

② $\frac{15}{20} \Rightarrow \frac{\square}{4}$

③ $\frac{20}{28} \Rightarrow \frac{10}{14} \Rightarrow \frac{\square}{7}$

④ $\frac{9}{36} \Rightarrow \frac{3}{\square} \Rightarrow \frac{1}{\square}$

⑤ $\frac{12}{44} \Rightarrow \frac{\square}{22} \Rightarrow \frac{\square}{11}$

⑥ $\frac{9}{54} \Rightarrow \frac{\square}{18} \Rightarrow \frac{1}{\square}$

⑦ $\frac{19}{57} \Rightarrow \frac{\square}{3}$

⑧ $\frac{12}{15} \Rightarrow \frac{\square}{5}$

⑨ $\frac{20}{24} \Rightarrow \frac{\square}{12} \Rightarrow \frac{\square}{6}$

⑩ $\frac{4}{32} \Rightarrow \frac{2}{\square} \Rightarrow \frac{1}{\square}$

⑪ $\frac{15}{42} \Rightarrow \frac{5}{\square}$

⑫ $\frac{9}{48} \Rightarrow \frac{3}{\square}$

⑬ $\frac{22}{56} \Rightarrow \frac{11}{\square}$

⑭ $\frac{24}{64} \Rightarrow \frac{12}{\square} \Rightarrow \frac{\square}{16} \Rightarrow \frac{3}{\square}$

8 약분

공부한 날 /
걸린 시간 분
맞힌 개수 /14

정답: p.8

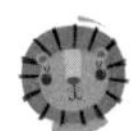

분수를 기약분수로 나타내세요.

① $\frac{12}{16}=$

② $\frac{8}{18}=$

③ $\frac{9}{21}=$

④ $\frac{18}{24}=$

⑤ $\frac{5}{25}=$

⑥ $\frac{28}{32}=$

⑦ $\frac{6}{39}=$

⑧ $\frac{21}{42}=$

⑨ $\frac{16}{48}=$

⑩ $\frac{35}{50}=$

⑪ $\frac{24}{51}=$

⑫ $\frac{36}{54}=$

⑬ $\frac{3}{57}=$

⑭ $\frac{40}{64}=$

통분

통분

분수의 분모를 같게 하는 것을 통분한다고 하고, 이때 통분한 분모를 공통분모라고 해요.

• 분모의 곱을 이용하여 통분하기

분모의 곱을 공통분모로 하여 통분해요.

분모의 곱을 공통분모로 하여 통분하기

$\left(\frac{5}{6}, \frac{2}{9}\right)$ ➡ 분모의 곱 : $6\times9=54$

➡ $\left(\frac{5\times9}{6\times9}, \frac{2\times6}{9\times6}\right)$ ➡ $\left(\frac{45}{54}, \frac{12}{54}\right)$

• 분모의 최소공배수를 이용하여 통분하기

분모의 최소공배수를 공통분모로 하여 통분해요.

분모의 최소공배수를 공통분모로 하여 통분하기

$\left(\frac{5}{6}, \frac{2}{9}\right)$ ➡ 분모의 최소공배수 : 18

➡ $\left(\frac{5\times3}{6\times3}, \frac{2\times2}{9\times2}\right)$ ➡ $\left(\frac{15}{18}, \frac{4}{18}\right)$

하나. 통분을 공부합니다.

둘. 통분은 분모가 다른 두 분수의 크기를 비교할 때에도 이용된다는 것을 알게 합니다.

셋. 대분수를 통분할 때 자연수는 그대로 두고 분모와 분자만 신경쓰도록 합니다.

예) $\left(2\frac{3}{4}, 3\frac{1}{5}\right)$ → $\left(2\frac{3\times5}{4\times5}, 3\frac{1\times4}{5\times4}\right)$ → $\left(2\frac{15}{20}, 3\frac{4}{20}\right)$

1 통분

공부한 날 /

걸린 시간 분

맞힌 개수 /14

정답: p.9

분모의 곱을 공통분모로 하여 통분하세요.

① $\left(\frac{1}{2}, \frac{1}{3}\right) \Rightarrow \left(\quad , \quad \right)$

② $\left(\frac{2}{3}, \frac{3}{4}\right) \Rightarrow \left(\quad , \quad \right)$

③ $\left(\frac{1}{4}, \frac{2}{5}\right) \Rightarrow \left(\quad , \quad \right)$

④ $\left(\frac{3}{4}, \frac{5}{7}\right) \Rightarrow \left(\quad , \quad \right)$

⑤ $\left(\frac{2}{5}, \frac{1}{3}\right) \Rightarrow \left(\quad , \quad \right)$

⑥ $\left(\frac{3}{5}, \frac{1}{2}\right) \Rightarrow \left(\quad , \quad \right)$

⑦ $\left(\frac{1}{7}, \frac{1}{6}\right) \Rightarrow \left(\quad , \quad \right)$

⑧ $\left(1\frac{1}{8}, 2\frac{1}{3}\right) \Rightarrow \left(\quad , \quad \right)$

⑨ $\left(2\frac{3}{8}, 3\frac{2}{5}\right) \Rightarrow \left(\quad , \quad \right)$

⑩ $\left(2\frac{1}{9}, 1\frac{4}{5}\right) \Rightarrow \left(\quad , \quad \right)$

⑪ $\left(2\frac{2}{13}, 3\frac{1}{4}\right) \Rightarrow \left(\quad , \quad \right)$

⑫ $\left(3\frac{1}{7}, 1\frac{1}{2}\right) \Rightarrow \left(\quad , \quad \right)$

⑬ $\left(4\frac{2}{9}, 2\frac{3}{4}\right) \Rightarrow \left(\quad , \quad \right)$

⑭ $\left(5\frac{4}{11}, 2\frac{2}{3}\right) \Rightarrow \left(\quad , \quad \right)$

통분

공부한 날 /
걸린 시간 분
맞힌 개수 /14

정답: p.9

분모의 최소공배수를 공통분모로 하여 통분하세요.

① $\left(\frac{1}{2}, \frac{3}{4}\right) \Rightarrow (\quad , \quad)$

② $\left(\frac{1}{3}, \frac{5}{9}\right) \Rightarrow (\quad , \quad)$

③ $\left(\frac{2}{3}, \frac{1}{5}\right) \Rightarrow (\quad , \quad)$

④ $\left(\frac{3}{4}, \frac{1}{10}\right) \Rightarrow (\quad , \quad)$

⑤ $\left(\frac{4}{5}, \frac{3}{8}\right) \Rightarrow (\quad , \quad)$

⑥ $\left(\frac{1}{6}, \frac{3}{4}\right) \Rightarrow (\quad , \quad)$

⑦ $\left(\frac{5}{6}, \frac{2}{3}\right) \Rightarrow (\quad , \quad)$

⑧ $\left(1\frac{3}{8}, 3\frac{1}{4}\right) \Rightarrow (\quad , \quad)$

⑨ $\left(1\frac{2}{11}, 1\frac{3}{5}\right) \Rightarrow (\quad , \quad)$

⑩ $\left(2\frac{2}{7}, 3\frac{2}{3}\right) \Rightarrow (\quad , \quad)$

⑪ $\left(2\frac{5}{8}, 3\frac{1}{6}\right) \Rightarrow (\quad , \quad)$

⑫ $\left(2\frac{1}{9}, 4\frac{2}{5}\right) \Rightarrow (\quad , \quad)$

⑬ $\left(3\frac{3}{10}, 2\frac{1}{2}\right) \Rightarrow (\quad , \quad)$

⑭ $\left(5\frac{2}{15}, 2\frac{7}{9}\right) \Rightarrow (\quad , \quad)$

3 통분

공부한 날 /
걸린 시간 분
맞힌 개수 /14

정답: p.9

분모의 곱을 공통분모로 하여 통분하세요.

① $\left(\frac{1}{3}, \frac{2}{5}\right) \Rightarrow (\quad , \quad)$

② $\left(\frac{2}{3}, \frac{1}{2}\right) \Rightarrow (\quad , \quad)$

③ $\left(\frac{1}{4}, \frac{3}{5}\right) \Rightarrow (\quad , \quad)$

④ $\left(\frac{3}{4}, \frac{1}{9}\right) \Rightarrow (\quad , \quad)$

⑤ $\left(\frac{1}{5}, \frac{4}{7}\right) \Rightarrow (\quad , \quad)$

⑥ $\left(\frac{2}{5}, \frac{5}{6}\right) \Rightarrow (\quad , \quad)$

⑦ $\left(\frac{1}{6}, \frac{2}{3}\right) \Rightarrow (\quad , \quad)$

⑧ $\left(1\frac{5}{8}, 3\frac{1}{3}\right) \Rightarrow (\quad , \quad)$

⑨ $\left(1\frac{3}{10}, 4\frac{2}{5}\right) \Rightarrow (\quad , \quad)$

⑩ $\left(2\frac{1}{7}, 2\frac{3}{4}\right) \Rightarrow (\quad , \quad)$

⑪ $\left(2\frac{4}{7}, 1\frac{7}{8}\right) \Rightarrow (\quad , \quad)$

⑫ $\left(2\frac{7}{12}, 3\frac{1}{4}\right) \Rightarrow (\quad , \quad)$

⑬ $\left(3\frac{2}{9}, 1\frac{1}{7}\right) \Rightarrow (\quad , \quad)$

⑭ $\left(3\frac{5}{14}, 1\frac{1}{3}\right) \Rightarrow (\quad , \quad)$

통분

공부한 날 /

걸린 시간 분

맞힌 개수 /14

정답: p.9

분모의 최소공배수를 공통분모로 하여 통분하세요.

① $\left(\frac{1}{2}, \frac{2}{5}\right) \Rightarrow (\quad , \quad)$

② $\left(\frac{1}{4}, \frac{5}{8}\right) \Rightarrow (\quad , \quad)$

③ $\left(\frac{3}{4}, \frac{1}{6}\right) \Rightarrow (\quad , \quad)$

④ $\left(\frac{5}{6}, \frac{3}{7}\right) \Rightarrow (\quad , \quad)$

⑤ $\left(\frac{1}{7}, \frac{3}{14}\right) \Rightarrow (\quad , \quad)$

⑥ $\left(\frac{1}{8}, \frac{2}{3}\right) \Rightarrow (\quad , \quad)$

⑦ $\left(\frac{5}{8}, \frac{3}{10}\right) \Rightarrow (\quad , \quad)$

⑧ $\left(1\frac{1}{12}, 1\frac{3}{8}\right) \Rightarrow (\quad , \quad)$

⑨ $\left(2\frac{2}{9}, 2\frac{5}{6}\right) \Rightarrow (\quad , \quad)$

⑩ $\left(2\frac{4}{9}, 4\frac{3}{8}\right) \Rightarrow (\quad , \quad)$

⑪ $\left(2\frac{3}{14}, 3\frac{2}{3}\right) \Rightarrow (\quad , \quad)$

⑫ $\left(2\frac{2}{15}, 5\frac{3}{5}\right) \Rightarrow (\quad , \quad)$

⑬ $\left(3\frac{5}{12}, 2\frac{1}{10}\right) \Rightarrow (\quad , \quad)$

⑭ $\left(5\frac{3}{10}, 2\frac{2}{5}\right) \Rightarrow (\quad , \quad)$

통분

정답: p.9

공부한 날 /　걸린 시간 분　맞힌 개수 /14

분모의 곱을 공통분모로 하여 통분하세요.

① $\left(\frac{1}{4}, \frac{2}{3}\right) \Rightarrow (\quad , \quad)$

② $\left(\frac{1}{5}, \frac{2}{7}\right) \Rightarrow (\quad , \quad)$

③ $\left(\frac{1}{6}, \frac{3}{8}\right) \Rightarrow (\quad , \quad)$

④ $\left(\frac{5}{8}, \frac{3}{4}\right) \Rightarrow (\quad , \quad)$

⑤ $\left(\frac{3}{4}, \frac{6}{7}\right) \Rightarrow (\quad , \quad)$

⑥ $\left(\frac{2}{5}, \frac{3}{14}\right) \Rightarrow (\quad , \quad)$

⑦ $\left(\frac{3}{7}, \frac{2}{5}\right) \Rightarrow (\quad , \quad)$

⑧ $\left(1\frac{5}{9}, 2\frac{1}{5}\right) \Rightarrow (\quad , \quad)$

⑨ $\left(2\frac{4}{13}, 4\frac{3}{5}\right) \Rightarrow (\quad , \quad)$

⑩ $\left(4\frac{3}{10}, 2\frac{5}{6}\right) \Rightarrow (\quad , \quad)$

⑪ $\left(1\frac{2}{9}, 1\frac{3}{7}\right) \Rightarrow (\quad , \quad)$

⑫ $\left(2\frac{7}{11}, 1\frac{2}{3}\right) \Rightarrow (\quad , \quad)$

⑬ $\left(3\frac{5}{12}, 1\frac{1}{2}\right) \Rightarrow (\quad , \quad)$

⑭ $\left(5\frac{1}{10}, 3\frac{2}{9}\right) \Rightarrow (\quad , \quad)$

통분

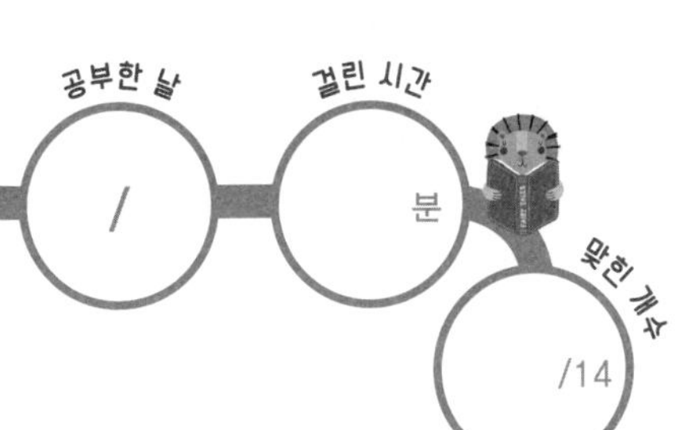

정답: p.9

분모의 최소공배수를 공통분모로 하여 통분하세요.

① $\left(\frac{1}{4}, \frac{3}{8}\right) \Rightarrow \left(\quad , \quad \right)$

② $\left(\frac{3}{4}, \frac{2}{3}\right) \Rightarrow \left(\quad , \quad \right)$

③ $\left(\frac{1}{5}, \frac{3}{10}\right) \Rightarrow \left(\quad , \quad \right)$

④ $\left(\frac{1}{6}, \frac{2}{15}\right) \Rightarrow \left(\quad , \quad \right)$

⑤ $\left(\frac{5}{6}, \frac{1}{8}\right) \Rightarrow \left(\quad , \quad \right)$

⑥ $\left(\frac{1}{7}, \frac{2}{3}\right) \Rightarrow \left(\quad , \quad \right)$

⑦ $\left(\frac{3}{8}, \frac{7}{10}\right) \Rightarrow \left(\quad , \quad \right)$

⑧ $\left(1\frac{2}{9}, 1\frac{3}{7}\right) \Rightarrow \left(\quad , \quad \right)$

⑨ $\left(1\frac{2}{23}, 2\frac{3}{46}\right) \Rightarrow \left(\quad , \quad \right)$

⑩ $\left(2\frac{5}{9}, 3\frac{1}{2}\right) \Rightarrow \left(\quad , \quad \right)$

⑪ $\left(2\frac{5}{18}, 2\frac{7}{27}\right) \Rightarrow \left(\quad , \quad \right)$

⑫ $\left(2\frac{9}{25}, 3\frac{2}{15}\right) \Rightarrow \left(\quad , \quad \right)$

⑬ $\left(3\frac{7}{12}, 4\frac{5}{18}\right) \Rightarrow \left(\quad , \quad \right)$

⑭ $\left(4\frac{5}{16}, 2\frac{9}{14}\right) \Rightarrow \left(\quad , \quad \right)$

7 통분

공부한 날 /

걸린 시간 분

맞힌 개수 /14

정답: p.9

분모의 곱을 공통분모로 하여 통분하세요.

① $\left(\frac{2}{3}, \frac{7}{13}\right) \Rightarrow (\quad , \quad)$

② $\left(\frac{3}{4}, \frac{7}{10}\right) \Rightarrow (\quad , \quad)$

③ $\left(\frac{5}{6}, \frac{4}{7}\right) \Rightarrow (\quad , \quad)$

④ $\left(\frac{5}{7}, \frac{1}{3}\right) \Rightarrow (\quad , \quad)$

⑤ $\left(\frac{1}{4}, \frac{5}{6}\right) \Rightarrow (\quad , \quad)$

⑥ $\left(\frac{3}{5}, \frac{5}{11}\right) \Rightarrow (\quad , \quad)$

⑦ $\left(\frac{2}{7}, \frac{2}{9}\right) \Rightarrow (\quad , \quad)$

⑧ $\left(1\frac{3}{8}, 1\frac{6}{7}\right) \Rightarrow (\quad , \quad)$

⑨ $\left(2\frac{7}{10}, 1\frac{4}{5}\right) \Rightarrow (\quad , \quad)$

⑩ $\left(4\frac{5}{8}, 2\frac{3}{4}\right) \Rightarrow (\quad , \quad)$

⑪ $\left(1\frac{1}{8}, 1\frac{7}{12}\right) \Rightarrow (\quad , \quad)$

⑫ $\left(1\frac{5}{12}, 3\frac{3}{10}\right) \Rightarrow (\quad , \quad)$

⑬ $\left(3\frac{12}{13}, 2\frac{1}{4}\right) \Rightarrow (\quad , \quad)$

⑭ $\left(4\frac{1}{15}, 5\frac{3}{5}\right) \Rightarrow (\quad , \quad)$

8 통분

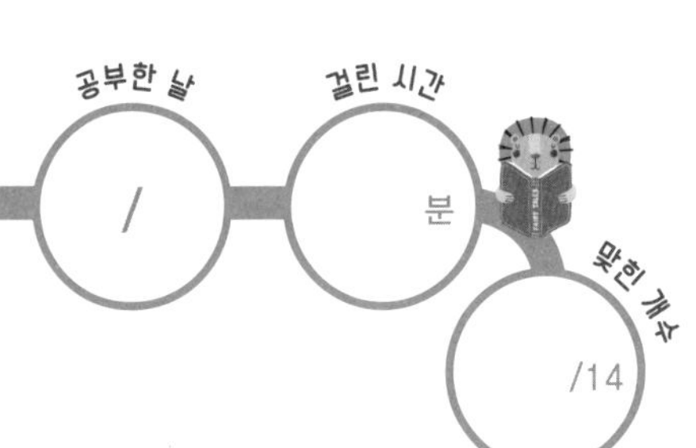

정답: p.9

분모의 최소공배수를 공통분모로 하여 통분하세요.

① $\left(\frac{2}{3}, \frac{5}{8}\right) \Rightarrow (\quad , \quad)$

② $\left(\frac{1}{4}, \frac{3}{14}\right) \Rightarrow (\quad , \quad)$

③ $\left(\frac{3}{4}, \frac{1}{6}\right) \Rightarrow (\quad , \quad)$

④ $\left(\frac{2}{5}, \frac{7}{8}\right) \Rightarrow (\quad , \quad)$

⑤ $\left(\frac{3}{7}, \frac{1}{10}\right) \Rightarrow (\quad , \quad)$

⑥ $\left(\frac{1}{9}, \frac{5}{12}\right) \Rightarrow (\quad , \quad)$

⑦ $\left(\frac{3}{10}, \frac{5}{13}\right) \Rightarrow (\quad , \quad)$

⑧ $\left(1\frac{5}{14}, 3\frac{4}{21}\right) \Rightarrow (\quad , \quad)$

⑨ $\left(1\frac{3}{22}, 2\frac{7}{10}\right) \Rightarrow (\quad , \quad)$

⑩ $\left(2\frac{2}{19}, 5\frac{3}{38}\right) \Rightarrow (\quad , \quad)$

⑪ $\left(3\frac{5}{12}, 3\frac{3}{16}\right) \Rightarrow (\quad , \quad)$

⑫ $\left(3\frac{1}{18}, 2\frac{4}{7}\right) \Rightarrow (\quad , \quad)$

⑬ $\left(4\frac{7}{11}, 2\frac{1}{3}\right) \Rightarrow (\quad , \quad)$

⑭ $\left(4\frac{5}{26}, 3\frac{2}{15}\right) \Rightarrow (\quad , \quad)$

무료 동영상강의로
개념을 쉽게 배워보세요!

분모가 다른 (진분수)±(진분수)

분모가 다른 진분수의 덧셈

두 분수를 최소공배수를 이용하여 통분한 다음 분모는 그대로 두고 분자끼리 더해요.
이때 계산 결과가 가분수이면 대분수로 고쳐서 나타내고, 약분이 되면 약분하여 기약분수로 나타내요.

분모가 다른 진분수의 덧셈

$$\frac{1}{4}+\frac{5}{6}=\frac{3}{12}+\frac{10}{12}=\frac{13}{12}=1\frac{1}{12}$$

가분수 → 대분수

분모가 다른 진분수의 뺄셈

두 분수를 최소공배수를 이용하여 통분한 다음 분모는 그대로 두고 분자끼리 빼요.
이때 계산 결과가 약분이 되면 약분하여 기약분수로 나타내요.

분모가 다른 진분수의 뺄셈

$$\frac{4}{5}-\frac{7}{15}=\frac{12}{15}-\frac{7}{15}=\frac{5}{15}=\frac{1}{3}$$

기약분수로 약분

하나. 분모가 다른 진분수의 덧셈과 뺄셈을 공부합니다.
둘. 분모의 곱을 이용하여 통분한 후 계산하는 방법도 익힐 수 있도록 지도합니다.
셋. 계산 결과를 항상 기약분수로 나타낼 수 있도록 지도합니다.

1 분모가 다른 (진분수)±(진분수)

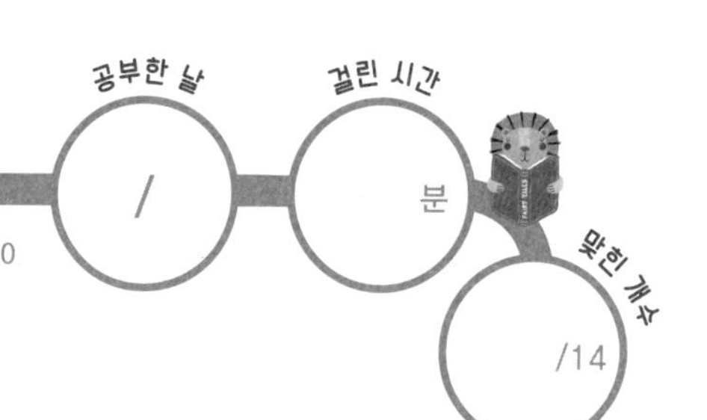

정답: p.10

분수의 덧셈을 하세요.

① $\frac{1}{2}+\frac{1}{3}=$

② $\frac{1}{2}+\frac{3}{8}=$

③ $\frac{1}{3}+\frac{5}{6}=$

④ $\frac{2}{3}+\frac{3}{10}=$

⑤ $\frac{1}{4}+\frac{2}{5}=$

⑥ $\frac{3}{4}+\frac{4}{9}=$

⑦ $\frac{1}{6}+\frac{2}{9}=$

⑧ $\frac{3}{7}+\frac{3}{5}=$

⑨ $\frac{1}{8}+\frac{1}{6}=$

⑩ $\frac{1}{8}+\frac{3}{16}=$

⑪ $\frac{1}{10}+\frac{5}{14}=$

⑫ $\frac{5}{12}+\frac{7}{8}=$

⑬ $\frac{4}{15}+\frac{8}{9}=$

⑭ $\frac{3}{20}+\frac{1}{12}=$

2 분모가 다른 (진분수) ± (진분수)

공부한 날 /
걸린 시간 분
맞힌 개수 /14

정답: p.10

분수의 뺄셈을 하세요.

① $\frac{1}{2}-\frac{2}{7}=$

② $\frac{2}{3}-\frac{1}{6}=$

③ $\frac{1}{4}-\frac{1}{5}=$

④ $\frac{3}{4}-\frac{1}{10}=$

⑤ $\frac{4}{5}-\frac{3}{8}=$

⑥ $\frac{5}{6}-\frac{2}{9}=$

⑦ $\frac{3}{8}-\frac{1}{12}=$

⑧ $\frac{3}{10}-\frac{4}{25}=$

⑨ $\frac{1}{12}-\frac{1}{21}=$

⑩ $\frac{7}{12}-\frac{3}{16}=$

⑪ $\frac{14}{15}-\frac{2}{5}=$

⑫ $\frac{13}{18}-\frac{7}{30}=$

⑬ $\frac{7}{20}-\frac{5}{16}=$

⑭ $\frac{5}{24}-\frac{1}{48}=$

3 분모가 다른 (진분수)±(진분수)

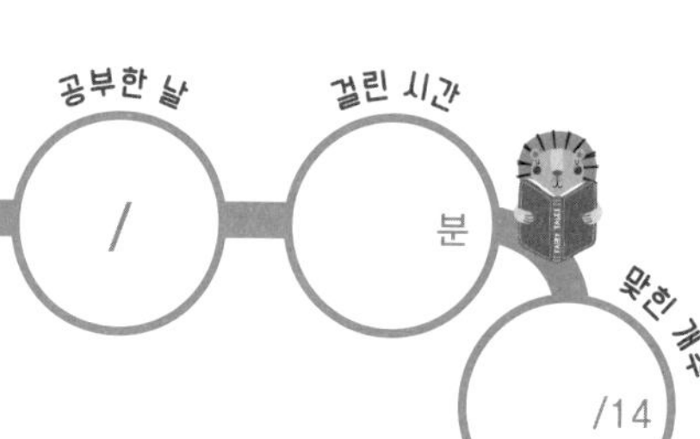

정답: p.10

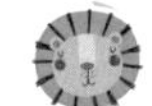 분수의 덧셈을 하세요.

① $\frac{1}{2}+\frac{5}{6}=$

② $\frac{1}{2}+\frac{5}{14}=$

③ $\frac{2}{3}+\frac{3}{4}=$

④ $\frac{2}{3}+\frac{1}{8}=$

⑤ $\frac{1}{4}+\frac{1}{6}=$

⑥ $\frac{3}{4}+\frac{2}{15}=$

⑦ $\frac{2}{5}+\frac{3}{4}=$

⑧ $\frac{1}{6}+\frac{9}{14}=$

⑨ $\frac{5}{9}+\frac{11}{18}=$

⑩ $\frac{5}{12}+\frac{2}{15}=$

⑪ $\frac{7}{12}+\frac{3}{8}=$

⑫ $\frac{8}{15}+\frac{3}{5}=$

⑬ $\frac{1}{20}+\frac{7}{15}=$

⑭ $\frac{3}{26}+\frac{7}{13}=$

4 분모가 다른 (진분수) ± (진분수)

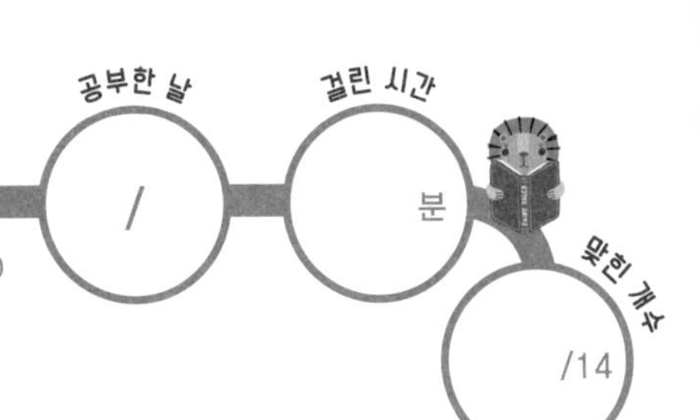

정답: p.10

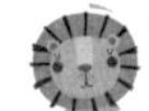

분수의 뺄셈을 하세요.

① $\frac{1}{2}-\frac{1}{8}=$

② $\frac{2}{3}-\frac{3}{10}=$

③ $\frac{1}{4}-\frac{1}{6}=$

④ $\frac{3}{5}-\frac{5}{9}=$

⑤ $\frac{4}{5}-\frac{3}{4}=$

⑥ $\frac{3}{7}-\frac{2}{21}=$

⑦ $\frac{5}{7}-\frac{1}{8}=$

⑧ $\frac{3}{10}-\frac{1}{18}=$

⑨ $\frac{9}{11}-\frac{3}{22}=$

⑩ $\frac{3}{13}-\frac{1}{6}=$

⑪ $\frac{5}{14}-\frac{1}{4}=$

⑫ $\frac{7}{20}-\frac{1}{16}=$

⑬ $\frac{13}{20}-\frac{4}{25}=$

⑭ $\frac{15}{26}-\frac{20}{39}=$

분모가 다른 (진분수)±(진분수)

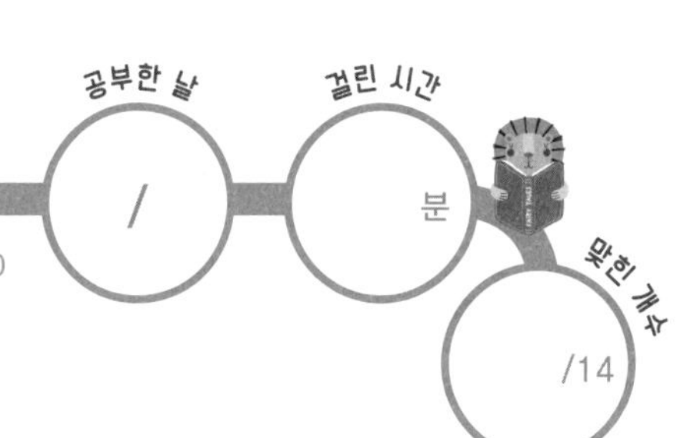

정답: p.10

분수의 덧셈을 하세요.

① $\frac{2}{3}+\frac{4}{5}=$

② $\frac{3}{4}+\frac{2}{15}=$

③ $\frac{2}{9}+\frac{16}{21}=$

④ $\frac{3}{10}+\frac{3}{14}=$

⑤ $\frac{9}{16}+\frac{2}{3}=$

⑥ $\frac{12}{25}+\frac{3}{50}=$

⑦ $\frac{21}{40}+\frac{5}{16}=$

⑧ $\frac{2}{3}+\frac{1}{6}=$

⑨ $\frac{5}{6}+\frac{4}{7}=$

⑩ $\frac{7}{9}+\frac{3}{8}=$

⑪ $\frac{5}{12}+\frac{13}{18}=$

⑫ $\frac{11}{20}+\frac{7}{12}=$

⑬ $\frac{5}{36}+\frac{8}{15}=$

⑭ $\frac{16}{45}+\frac{4}{9}=$

6 분모가 다른 (진분수)±(진분수)

공부한 날 /
걸린 시간 분
맞힌 개수 /14

정답: p.10

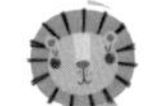 분수의 뺄셈을 하세요.

① $\frac{2}{3}-\frac{3}{7}=$

② $\frac{3}{4}-\frac{5}{12}=$

③ $\frac{5}{6}-\frac{3}{8}=$

④ $\frac{7}{8}-\frac{13}{16}=$

⑤ $\frac{5}{9}-\frac{2}{27}=$

⑥ $\frac{3}{10}-\frac{3}{14}=$

⑦ $\frac{5}{12}-\frac{1}{3}=$

⑧ $\frac{3}{14}-\frac{1}{12}=$

⑨ $\frac{4}{15}-\frac{1}{6}=$

⑩ $\frac{13}{18}-\frac{7}{24}=$

⑪ $\frac{9}{20}-\frac{1}{12}=$

⑫ $\frac{20}{27}-\frac{5}{18}=$

⑬ $\frac{11}{32}-\frac{7}{24}=$

⑭ $\frac{24}{35}-\frac{9}{14}=$

분모가 다른 (진분수) ± (진분수)

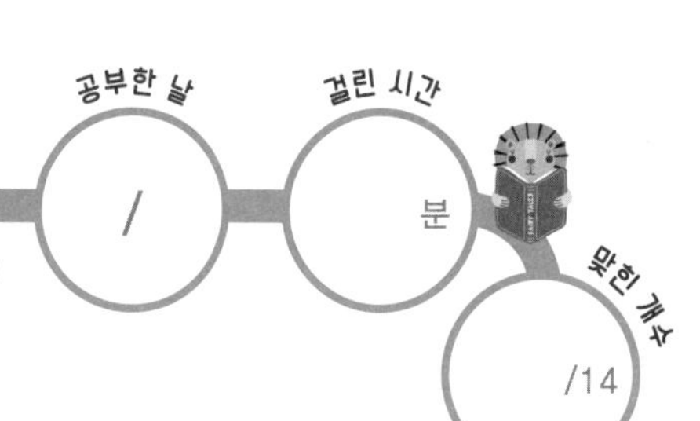

정답: p.10

 분수의 덧셈을 하세요.

① $\frac{1}{4}+\frac{5}{8}=$

② $\frac{3}{5}+\frac{7}{11}=$

③ $\frac{2}{7}+\frac{3}{4}=$

④ $\frac{4}{11}+\frac{1}{3}=$

⑤ $\frac{8}{15}+\frac{7}{12}=$

⑥ $\frac{10}{21}+\frac{9}{14}=$

⑦ $\frac{3}{32}+\frac{19}{24}=$

⑧ $\frac{1}{5}+\frac{4}{9}=$

⑨ $\frac{1}{7}+\frac{5}{6}=$

⑩ $\frac{3}{8}+\frac{11}{20}=$

⑪ $\frac{7}{12}+\frac{23}{36}=$

⑫ $\frac{5}{16}+\frac{19}{24}=$

⑬ $\frac{14}{25}+\frac{7}{30}=$

⑭ $\frac{17}{42}+\frac{15}{28}=$

8 분모가 다른 (진분수) ± (진분수)

공부한 날 /
걸린 시간 분
맞힌 개수 /14

정답: p.10

분수의 뺄셈을 하세요.

① $\frac{1}{4} - \frac{1}{10} =$

② $\frac{5}{6} - \frac{3}{8} =$

③ $\frac{6}{7} - \frac{11}{21} =$

④ $\frac{5}{8} - \frac{1}{2} =$

⑤ $\frac{7}{12} - \frac{8}{15} =$

⑥ $\frac{11}{12} - \frac{9}{16} =$

⑦ $\frac{5}{14} - \frac{1}{42} =$

⑧ $\frac{7}{15} - \frac{3}{8} =$

⑨ $\frac{14}{15} - \frac{2}{5} =$

⑩ $\frac{9}{20} - \frac{5}{16} =$

⑪ $\frac{13}{24} - \frac{7}{30} =$

⑫ $\frac{11}{32} - \frac{3}{20} =$

⑬ $\frac{24}{35} - \frac{9}{14} =$

⑭ $\frac{16}{45} - \frac{1}{18} =$

분모가 다른 (대분수)±(대분수)

분모가 다른 대분수의 덧셈

최소공배수를 이용하여 두 분수를 통분한 다음, 자연수는 자연수끼리 분수는 분수끼리 더하거나 대분수를 가분수로 고쳐서 더해요.

이때 분수끼리의 합이 가분수이면 대분수로 고치고, 약분이 되면 약분하여 기약분수로 나타내요.

분모가 다른 대분수의 덧셈

$$2\frac{5}{6}+1\frac{7}{8}=2\frac{20}{24}+1\frac{21}{24}=(2+1)+\left(\frac{20}{24}+\frac{21}{24}\right)$$

$$=3+\frac{41}{24}=3+1\frac{17}{24}=4\frac{17}{24}$$

가분수 → 대분수

분모가 다른 대분수의 뺄셈

최소공배수를 이용하여 두 분수를 통분한 다음, 자연수는 자연수끼리 분수는 분수끼리 빼거나 대분수를 가분수로 고쳐서 빼요.

분수 부분끼리 뺄 수 없으면 빼지는 분수의 자연수에서 1을 받아내림해요.

이때 계산 결과가 약분이 되면 약분하여 기약분수로 나타내요.

분모가 다른 대분수의 뺄셈

$$3\frac{1}{3}-1\frac{5}{6}=3\frac{2}{6}-1\frac{5}{6}=2\frac{8}{6}-1\frac{5}{6}$$

$$=(2-1)+\left(\frac{8}{6}-\frac{5}{6}\right)=1\frac{3}{6}=1\frac{1}{2}$$

기약분수로 약분

하나. 분모가 다른 대분수의 덧셈과 뺄셈을 공부합니다.

둘. 대분수 뺄셈의 계산 결과에서 자연수 부분이 0일 때에는 0을 쓰지 않고 진분수 부분만 쓰는 것을 알게 합니다.

1 분모가 다른 (대분수) ± (대분수)

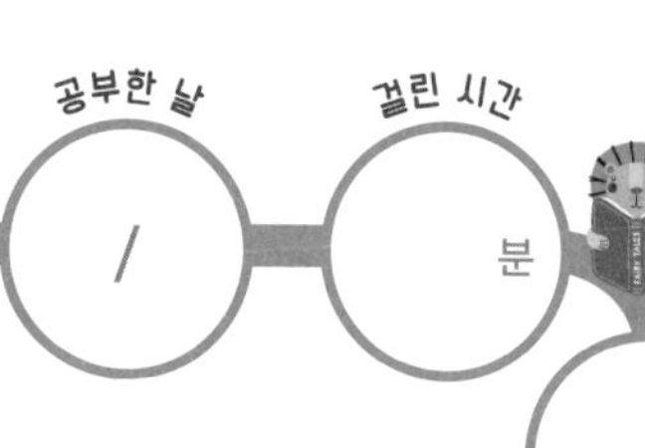

정답: p.11

 분수의 덧셈을 하세요.

① $1\frac{1}{2}+2\frac{1}{4}=$

② $1\frac{5}{6}+3\frac{3}{10}=$

③ $2\frac{2}{3}+3\frac{3}{5}=$

④ $2\frac{3}{5}+4\frac{1}{6}=$

⑤ $2\frac{3}{8}+3\frac{7}{12}=$

⑥ $2\frac{8}{15}+2\frac{5}{9}=$

⑦ $3\frac{3}{11}+1\frac{15}{22}=$

⑧ $3\frac{1}{12}+3\frac{13}{20}=$

⑨ $3\frac{7}{16}+4\frac{5}{24}=$

⑩ $3\frac{9}{28}+2\frac{5}{7}=$

⑪ $4\frac{3}{4}+3\frac{6}{7}=$

⑫ $4\frac{11}{20}+2\frac{5}{8}=$

⑬ $5\frac{5}{6}+3\frac{8}{27}=$

⑭ $6\frac{9}{32}+2\frac{13}{24}=$

2 분모가 다른 (대분수)±(대분수)

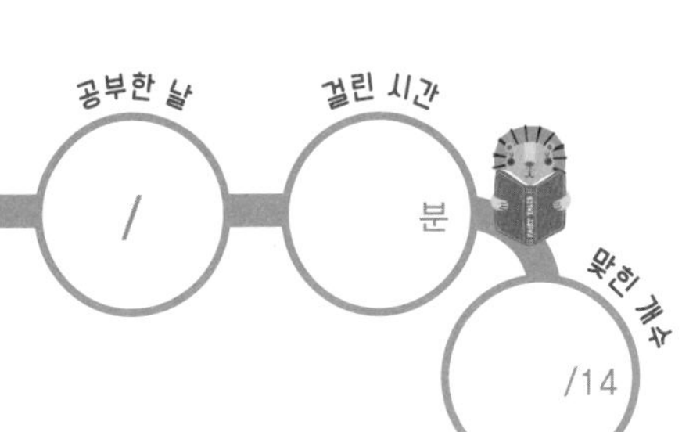

정답: p.11

분수의 뺄셈을 하세요.

① $2\frac{1}{2}-1\frac{2}{5}=$

② $2\frac{4}{15}-1\frac{2}{9}=$

③ $3\frac{1}{6}-2\frac{5}{8}=$

④ $3\frac{3}{8}-1\frac{1}{2}=$

⑤ $3\frac{9}{20}-2\frac{1}{5}=$

⑥ $3\frac{4}{23}-2\frac{1}{46}=$

⑦ $4\frac{3}{4}-2\frac{1}{6}=$

⑧ $4\frac{7}{12}-3\frac{7}{16}=$

⑨ $4\frac{9}{16}-2\frac{13}{20}=$

⑩ $5\frac{1}{9}-2\frac{1}{4}=$

⑪ $5\frac{7}{25}-3\frac{1}{10}=$

⑫ $6\frac{5}{18}-2\frac{7}{24}=$

⑬ $7\frac{2}{21}-3\frac{3}{7}=$

⑭ $8\frac{1}{24}-2\frac{3}{32}=$

3 분모가 다른 (대분수)±(대분수)

공부한 날 /
걸린 시간 분
맞힌 개수 /14

정답: p.11

분수의 덧셈을 하세요.

① $2\frac{4}{5}+2\frac{2}{9}=$

② $2\frac{7}{12}+3\frac{11}{18}=$

③ $2\frac{9}{20}+1\frac{4}{5}=$

④ $3\frac{1}{3}+2\frac{3}{8}=$

⑤ $3\frac{2}{9}+4\frac{11}{12}=$

⑥ $3\frac{13}{16}+2\frac{5}{24}=$

⑦ $3\frac{7}{30}+3\frac{7}{12}=$

⑧ $4\frac{9}{10}+2\frac{1}{8}=$

⑨ $4\frac{8}{15}+1\frac{2}{25}=$

⑩ $4\frac{7}{24}+3\frac{5}{8}=$

⑪ $4\frac{7}{36}+2\frac{19}{24}=$

⑫ $5\frac{4}{19}+2\frac{3}{38}=$

⑬ $6\frac{5}{6}+3\frac{8}{15}=$

⑭ $7\frac{1}{18}+1\frac{8}{27}=$

분모가 다른 (대분수) ± (대분수)

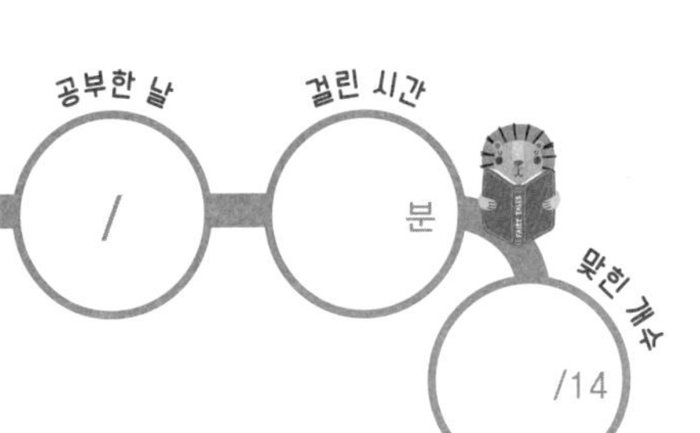

정답: p.11

분수의 뺄셈을 하세요.

① $2\frac{1}{9}-1\frac{1}{6}=$

② $3\frac{1}{4}-2\frac{1}{12}=$

③ $3\frac{7}{15}-1\frac{5}{18}=$

④ $3\frac{5}{24}-1\frac{7}{16}=$

⑤ $4\frac{5}{7}-2\frac{2}{5}=$

⑥ $4\frac{5}{9}-2\frac{2}{3}=$

⑦ $4\frac{3}{16}-3\frac{1}{40}=$

⑧ $4\frac{9}{20}-1\frac{3}{5}=$

⑨ $5\frac{2}{3}-2\frac{1}{2}=$

⑩ $5\frac{7}{12}-3\frac{17}{21}=$

⑪ $5\frac{10}{27}-2\frac{5}{18}=$

⑫ $6\frac{1}{8}-1\frac{1}{12}=$

⑬ $7\frac{7}{30}-4\frac{3}{10}=$

⑭ $8\frac{4}{39}-2\frac{1}{6}=$

5 분모가 다른 (대분수)±(대분수)

공부한 날 /
걸린 시간 분
맞힌 개수 /14

정답: p.11

 분수의 덧셈을 하세요.

① $2\frac{1}{4}+2\frac{2}{3}=$

② $2\frac{7}{13}+5\frac{9}{26}=$

③ $3\frac{3}{10}+4\frac{18}{25}=$

④ $3\frac{15}{28}+6\frac{1}{12}=$

⑤ $4\frac{5}{8}+2\frac{11}{12}=$

⑥ $5\frac{9}{20}+2\frac{4}{5}=$

⑦ $6\frac{7}{15}+2\frac{5}{9}=$

⑧ $2\frac{7}{11}+3\frac{1}{2}=$

⑨ $3\frac{1}{9}+2\frac{2}{21}=$

⑩ $3\frac{13}{16}+1\frac{7}{24}=$

⑪ $4\frac{5}{6}+3\frac{4}{27}=$

⑫ $4\frac{11}{18}+5\frac{3}{4}=$

⑬ $5\frac{17}{40}+3\frac{1}{20}=$

⑭ $7\frac{3}{32}+3\frac{5}{48}=$

6 분모가 다른 (대분수)±(대분수)

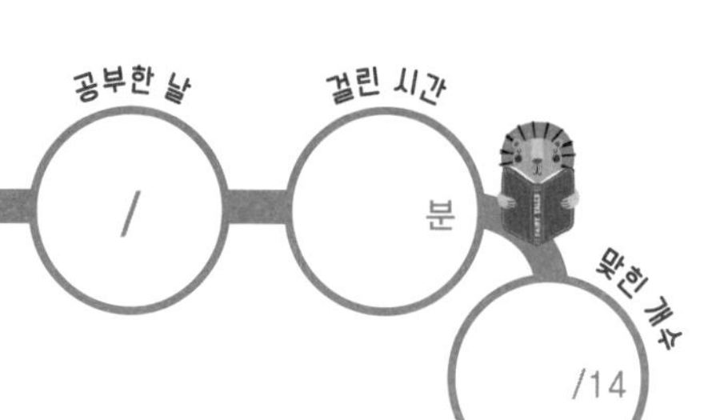

정답: p.11

 분수의 뺄셈을 하세요.

① $2\frac{3}{4}-1\frac{3}{5}=$

② $3\frac{1}{8}-1\frac{3}{14}=$

③ $3\frac{3}{25}-2\frac{7}{50}=$

④ $4\frac{3}{8}-2\frac{9}{28}=$

⑤ $4\frac{3}{16}-1\frac{11}{48}=$

⑥ $4\frac{5}{18}-2\frac{11}{24}=$

⑦ $5\frac{8}{13}-3\frac{15}{26}=$

⑧ $5\frac{7}{24}-2\frac{9}{16}=$

⑨ $5\frac{10}{27}-4\frac{5}{18}=$

⑩ $6\frac{1}{3}-3\frac{1}{7}=$

⑪ $6\frac{5}{14}-4\frac{12}{35}=$

⑫ $6\frac{13}{35}-2\frac{11}{21}=$

⑬ $7\frac{1}{12}-3\frac{2}{9}=$

⑭ $8\frac{7}{30}-2\frac{1}{6}=$

7 분모가 다른 (대분수)±(대분수)

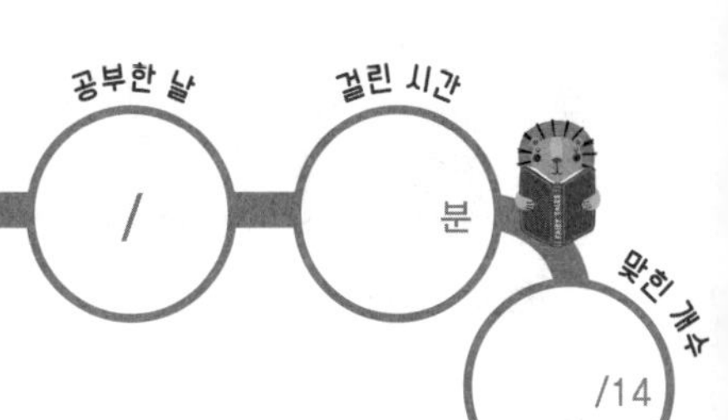

정답: p.11

 분수의 덧셈을 하세요.

① $2\frac{2}{3}+2\frac{4}{5}=$

② $2\frac{3}{8}+4\frac{13}{16}=$

③ $3\frac{13}{20}+2\frac{7}{12}=$

④ $4\frac{5}{12}+2\frac{3}{32}=$

⑤ $4\frac{4}{25}+3\frac{3}{50}=$

⑥ $5\frac{7}{30}+3\frac{7}{18}=$

⑦ $7\frac{5}{24}+1\frac{3}{28}=$

⑧ $2\frac{5}{6}+5\frac{23}{27}=$

⑨ $3\frac{9}{14}+4\frac{12}{35}=$

⑩ $4\frac{1}{2}+3\frac{5}{11}=$

⑪ $4\frac{5}{16}+5\frac{1}{4}=$

⑫ $5\frac{1}{4}+2\frac{8}{9}=$

⑬ $6\frac{28}{39}+2\frac{9}{26}=$

⑭ $8\frac{16}{33}+1\frac{15}{22}=$

분모가 다른 (대분수)±(대분수)

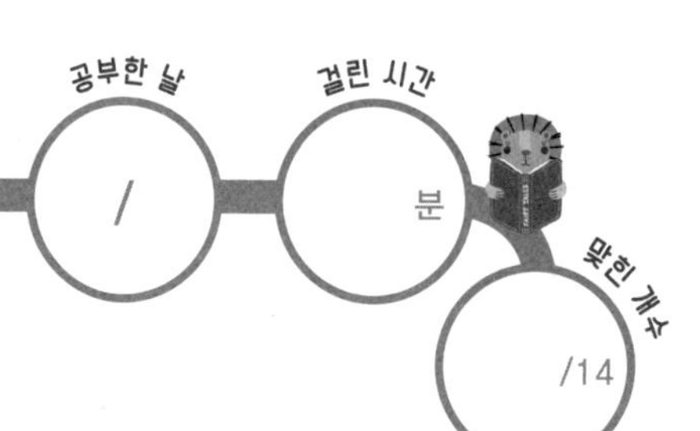

정답: p.11

분수의 뺄셈을 하세요.

① $3\frac{2}{3}-1\frac{5}{6}=$

② $3\frac{4}{11}-2\frac{3}{55}=$

③ $3\frac{8}{15}-1\frac{5}{24}=$

④ $4\frac{1}{6}-2\frac{3}{16}=$

⑤ $4\frac{5}{9}-3\frac{1}{12}=$

⑥ $4\frac{3}{14}-1\frac{1}{4}=$

⑦ $4\frac{4}{31}-2\frac{3}{62}=$

⑧ $5\frac{3}{4}-2\frac{1}{30}=$

⑨ $5\frac{2}{15}-4\frac{7}{18}=$

⑩ $5\frac{13}{21}-3\frac{1}{14}=$

⑪ $6\frac{5}{18}-3\frac{8}{27}=$

⑫ $7\frac{1}{8}-2\frac{1}{12}=$

⑬ $8\frac{7}{24}-5\frac{9}{16}=$

⑭ $9\frac{14}{45}-2\frac{8}{15}=$

실력 체크

최종 점검

약분

공부한 날	월	일
걸린 시간	분	초
맞힌 개수		/14

정답: p.12

 주어진 분수를 약분하여 □ 안에 알맞은 수를 써넣으세요.

① $\frac{7}{21} \Rightarrow \frac{\square}{3}$

② $\frac{10}{16} \Rightarrow \frac{5}{\square}$

③ $\frac{6}{10} \Rightarrow \frac{3}{\square}$

④ $\frac{4}{24} \Rightarrow \frac{2}{12} \Rightarrow \frac{\square}{6}$

⑤ $\frac{20}{25} \Rightarrow \frac{4}{\square}$

⑥ $\frac{5}{40} \Rightarrow \frac{\square}{8}$

⑦ $\frac{8}{28} \Rightarrow \frac{4}{\square} \Rightarrow \frac{2}{\square}$

⑧ $\frac{9}{45} \Rightarrow \frac{\square}{15} \Rightarrow \frac{\square}{5}$

⑨ $\frac{28}{36} \Rightarrow \frac{\square}{18} \Rightarrow \frac{\square}{9}$

⑩ $\frac{13}{39} \Rightarrow \frac{1}{\square}$

⑪ $\frac{18}{27} \Rightarrow \frac{6}{\square} \Rightarrow \frac{2}{\square}$

⑫ $\frac{9}{30} \Rightarrow \frac{\square}{10}$

⑬ $\frac{18}{63} \Rightarrow \frac{\square}{21} \Rightarrow \frac{2}{\square}$

⑭ $\frac{16}{56} \Rightarrow \frac{8}{\square} \Rightarrow \frac{\square}{14} \Rightarrow \frac{2}{\square}$

약분

공부한 날	월	일
걸린 시간	분	초
맞힌 개수		/12

정답: p.12

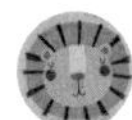 분수를 기약분수로 나타내세요.

① $\frac{12}{20}=$

② $\frac{10}{26}=$

③ $\frac{9}{12}=$

④ $\frac{5}{30}=$

⑤ $\frac{16}{24}=$

⑥ $\frac{2}{58}=$

⑦ $\frac{21}{45}=$

⑧ $\frac{14}{63}=$

⑨ $\frac{13}{52}=$

⑩ $\frac{30}{48}=$

⑪ $\frac{15}{60}=$

⑫ $\frac{18}{32}=$

통분

공부한 날	월	일
걸린 시간	분	초
맞힌 개수		/14

정답: p.12

분모의 곱을 공통분모로 하여 통분하세요.

① $\left(\frac{1}{6}, \frac{1}{8}\right) \Rightarrow (\quad , \quad)$

② $\left(\frac{1}{5}, \frac{3}{4}\right) \Rightarrow (\quad , \quad)$

③ $\left(\frac{1}{12}, \frac{6}{7}\right) \Rightarrow (\quad , \quad)$

④ $\left(\frac{5}{6}, \frac{2}{15}\right) \Rightarrow (\quad , \quad)$

⑤ $\left(\frac{3}{10}, \frac{5}{8}\right) \Rightarrow (\quad , \quad)$

⑥ $\left(\frac{2}{9}, \frac{1}{6}\right) \Rightarrow (\quad , \quad)$

⑦ $\left(\frac{3}{4}, \frac{1}{2}\right) \Rightarrow (\quad , \quad)$

⑧ $\left(1\frac{7}{15}, 1\frac{5}{12}\right) \Rightarrow (\quad , \quad)$

⑨ $\left(2\frac{2}{3}, 3\frac{1}{17}\right) \Rightarrow (\quad , \quad)$

⑩ $\left(4\frac{4}{7}, 1\frac{2}{5}\right) \Rightarrow (\quad , \quad)$

⑪ $\left(2\frac{1}{4}, 4\frac{3}{13}\right) \Rightarrow (\quad , \quad)$

⑫ $\left(2\frac{3}{8}, 2\frac{7}{16}\right) \Rightarrow (\quad , \quad)$

⑬ $\left(3\frac{5}{14}, 5\frac{1}{20}\right) \Rightarrow (\quad , \quad)$

⑭ $\left(3\frac{2}{3}, 1\frac{5}{6}\right) \Rightarrow (\quad , \quad)$

통분

공부한 날	월	일
걸린 시간	분	초
맞힌 개수		/10

정답: p.12

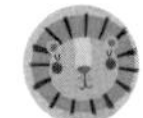 분모의 최소공배수를 공통분모로 하여 통분하세요.

① $\left(\frac{1}{2}, \frac{5}{8}\right) \Rightarrow ($, $)$

⑥ $\left(3\frac{1}{10}, 4\frac{5}{14}\right) \Rightarrow ($, $)$

② $\left(\frac{2}{3}, \frac{1}{7}\right) \Rightarrow ($, $)$

⑦ $\left(3\frac{3}{19}, 2\frac{2}{3}\right) \Rightarrow ($, $)$

③ $\left(\frac{2}{9}, \frac{5}{6}\right) \Rightarrow ($, $)$

⑧ $\left(2\frac{3}{5}, 2\frac{1}{8}\right) \Rightarrow ($, $)$

④ $\left(\frac{4}{15}, \frac{1}{4}\right) \Rightarrow ($, $)$

⑨ $\left(5\frac{5}{33}, 3\frac{1}{6}\right) \Rightarrow ($, $)$

⑤ $\left(\frac{1}{12}, \frac{7}{16}\right) \Rightarrow ($, $)$

⑩ $\left(1\frac{7}{20}, 3\frac{5}{18}\right) \Rightarrow ($, $)$

7-A 분모가 다른 (진분수) ± (진분수)

공부한 날	월	일
걸린 시간	분	초
맞힌 개수		/14

정답: p.13

분수의 덧셈을 하세요.

① $\frac{1}{2}+\frac{1}{7}=$

② $\frac{2}{3}+\frac{5}{13}=$

③ $\frac{1}{4}+\frac{7}{26}=$

④ $\frac{3}{8}+\frac{5}{12}=$

⑤ $\frac{1}{6}+\frac{9}{14}=$

⑥ $\frac{17}{40}+\frac{5}{24}=$

⑦ $\frac{3}{4}+\frac{7}{18}=$

⑧ $\frac{9}{20}+\frac{11}{15}=$

⑨ $\frac{1}{24}+\frac{5}{18}=$

⑩ $\frac{8}{15}+\frac{5}{9}=$

⑪ $\frac{2}{9}+\frac{14}{27}=$

⑫ $\frac{3}{8}+\frac{5}{7}=$

⑬ $\frac{3}{4}+\frac{1}{5}=$

⑭ $\frac{5}{33}+\frac{7}{11}=$

분모가 다른 (진분수) ± (진분수)

공부한 날	월	일
걸린 시간	분	초
맞힌 개수		/12

정답: p.13

 분수의 뺄셈을 하세요.

① $\frac{5}{8}-\frac{1}{6}=$

⑦ $\frac{15}{16}-\frac{3}{32}=$

② $\frac{2}{3}-\frac{5}{9}=$

⑧ $\frac{13}{15}-\frac{5}{6}=$

③ $\frac{4}{5}-\frac{5}{12}=$

⑨ $\frac{17}{28}-\frac{3}{35}=$

④ $\frac{1}{2}-\frac{3}{11}=$

⑩ $\frac{1}{12}-\frac{1}{28}=$

⑤ $\frac{13}{36}-\frac{7}{24}=$

⑪ $\frac{5}{42}-\frac{2}{21}=$

⑥ $\frac{13}{25}-\frac{7}{15}=$

⑫ $\frac{21}{44}-\frac{3}{8}=$

분모가 다른 (대분수) ± (대분수)

공부한 날	월	일
걸린 시간	분	초
맞힌 개수		/14

정답: p.13

분수의 덧셈을 하세요.

① $1\frac{1}{6}+2\frac{25}{27}=$

② $4\frac{13}{24}+2\frac{3}{4}=$

③ $1\frac{25}{42}+3\frac{7}{12}=$

④ $7\frac{3}{16}+2\frac{5}{14}=$

⑤ $2\frac{4}{7}+3\frac{15}{28}=$

⑥ $2\frac{1}{18}+3\frac{1}{30}=$

⑦ $5\frac{1}{14}+1\frac{5}{21}=$

⑧ $5\frac{3}{8}+1\frac{7}{12}=$

⑨ $3\frac{1}{2}+2\frac{3}{8}=$

⑩ $2\frac{15}{28}+3\frac{9}{14}=$

⑪ $3\frac{11}{36}+1\frac{5}{24}=$

⑫ $4\frac{14}{15}+3\frac{1}{9}=$

⑬ $4\frac{1}{3}+2\frac{1}{11}=$

⑭ $3\frac{7}{10}+3\frac{9}{25}=$

8-B 분모가 다른 (대분수) ± (대분수)

공부한 날	월	일
걸린 시간	분	초
맞힌 개수		/12

정답: p.13

분수의 뺄셈을 하세요.

① $3\frac{5}{6}-1\frac{7}{18}=$

② $6\frac{12}{35}-1\frac{8}{21}=$

③ $5\frac{3}{8}-3\frac{7}{12}=$

④ $5\frac{1}{5}-2\frac{2}{15}=$

⑤ $4\frac{3}{4}-2\frac{3}{5}=$

⑥ $5\frac{3}{20}-2\frac{1}{6}=$

⑦ $6\frac{3}{14}-2\frac{11}{35}=$

⑧ $3\frac{13}{24}-1\frac{7}{48}=$

⑨ $4\frac{5}{12}-2\frac{1}{9}=$

⑩ $7\frac{5}{16}-4\frac{9}{20}=$

⑪ $5\frac{7}{18}-1\frac{5}{24}=$

⑫ $3\frac{1}{2}-2\frac{8}{13}=$

Memo

Memo

Memo

한 권으로
계산 끝
100
문제풀이 속도와 정확성을 향상시키는
초등 연산 프로그램
새 교육과정 반영
계산력 + 두뇌회전 UP!
동영상 강의 무료 제공
초등수학 1학년 과정
넥서스에듀
동영상 강의 +
문제풀이 과정

1학년 과정
1 · 2권

2학년 과정
3 · 4권

3학년 과정
5 · 6권

4학년 과정
7 · 8권

5학년 과정
9 · 10권

6학년 과정
11 · 12권

진단평가

무료 동영상 강의

초시계

문제풀이 과정

마무리 평가

추가 문제

학습 구성

기초 수학 초등 1학년

1권	자연수의 덧셈과 뺄셈 기본	2권	자연수의 덧셈과 뺄셈 초급
1	9까지의 수 가르기와 모으기	1	(몇십)+(몇), (몇)+(몇십)
2	합이 9까지인 수의 덧셈	2	(몇십몇)+(몇), (몇)+(몇십몇)
3	차가 9까지인 수의 뺄셈	3	(몇십몇)−(몇)
4	덧셈과 뺄셈의 관계	4	(몇십)±(몇십)
5	두 수를 바꾸어 더하기	5	(몇십몇)±(몇십몇)
6	10 가르기와 모으기	6	한 자리 수인 세 수의 덧셈과 뺄셈
7	10이 되는 덧셈, 10에서 빼는 뺄셈	7	받아올림이 있는 (몇)+(몇)
8	두 수의 합이 10인 세 수의 덧셈	8	받아내림이 있는 (십몇)−(몇)

기초 수학 초등 2학년

3권	자연수의 덧셈과 뺄셈 중급	4권	곱셈구구
1	받아올림이 있는 (두 자리 수)+(한 자리 수)	1	같은 수를 여러 번 더하기
2	받아내림이 있는 (두 자리 수)−(한 자리 수)	2	2의 단, 5의 단, 4의 단 곱셈구구
3	받아올림이 한 번 있는 (두 자리 수)+(두 자리 수)	3	2의 단, 3의 단, 6의 단 곱셈구구
4	받아올림이 두 번 있는 (두 자리 수)+(두 자리 수)	4	3의 단, 6의 단, 4의 단 곱셈구구
5	받아내림이 있는 (두 자리 수)−(두 자리 수)	5	4의 단, 8의 단, 6의 단 곱셈구구
6	(두 자리 수)±(두 자리 수)	6	5의 단, 7의 단, 9의 단 곱셈구구
7	(세 자리 수)±(두 자리 수)	7	7의 단, 8의 단, 9의 단 곱셈구구
8	두 자리 수인 세 수의 덧셈과 뺄셈	8	곱셈구구

기초 수학 초등 3학년

5권	자연수의 덧셈과 뺄셈 고급 / 자연수의 곱셈과 나눗셈 초급	6권	자연수의 곱셈과 나눗셈 중급
1	받아올림이 없거나 한 번 있는 (세 자리 수)+(세 자리 수)	1	(세 자리 수)×(한 자리 수)
2	연속으로 받아올림이 있는 (세 자리 수)+(세 자리 수)	2	(몇십)×(몇십), (몇십)×(몇십몇)
3	받아내림이 없거나 한 번 있는 (세 자리 수)−(세 자리 수)	3	(몇십몇)×(몇십), (몇십몇)×(몇십몇)
4	연속으로 받아내림이 있는 (세 자리 수)−(세 자리 수)	4	내림이 없는 (몇십몇)÷(몇)
5	곱셈과 나눗셈의 관계	5	내림이 있는 (몇십몇)÷(몇)
6	곱셈구구를 이용하거나 세로로 나눗셈의 몫 구하기	6	나누어떨어지지 않는 (몇십몇)÷(몇)
7	올림이 없는 (두 자리 수)×(한 자리 수)	7	나누어떨어지는 (세 자리 수)÷(한 자리 수)
8	일의 자리에서 올림이 있는 (두 자리 수)×(한 자리 수)	8	나누어떨어지지 않는 (세 자리 수)÷(한 자리 수)

계산력+두뇌회전 UP!

한 권으로 계산 끝

정답

9

초등수학 5학년 과정

넥서스에듀

계산력+두뇌회전 UP!

한 권으로 계산 끝

넥서스에듀

자연수의 혼합 계산 ①

1 p.15

① 10+47−29=28
② 67−49+18=36
③ 36−17+14=33
④ 60−(27+4)=29
⑤ 21−(15−9)=15
⑥ 91−(42+16)=33
⑦ 56÷7×5=40
⑧ 6×14÷4=21
⑨ 168÷12÷7=2
⑩ 360÷(6×5)=12
⑪ 72÷(24÷3)=9
⑫ 384÷(4×6)=16

2 p.16

① 35 ② 35 ③ 33 ④ 21 ⑤ 447 ⑥ 14
⑦ 6 ⑧ 28 ⑨ 27 ⑩ 27 ⑪ 9 ⑫ 2

3 p.17

① 15+27−38=4
② 50−37+16=29
③ 81+16−34=63
④ 70−(43−14)=41
⑤ 53−(29+17)=7
⑥ 48−(19−6)=35
⑦ 90÷5×4=72
⑧ 8×72÷6=96
⑨ 324÷12÷3=9
⑩ 20÷(32÷8)=5
⑪ 198÷(3×6)=11
⑫ 105÷(7×5)=3

4 p.18

① 27 ② 48 ③ 155 ④ 67 ⑤ 101 ⑥ 21
⑦ 21 ⑧ 34 ⑨ 324 ⑩ 8 ⑪ 6 ⑫ 3

5 p.19

① 24−17+32+5=44
② 45+26−37−20=14
③ 70−24−17+32=61
④ 44−(27−15)+13=45
⑤ 81−(46+5)+6=36
⑥ 59+23−(47+18)=17
⑦ 81÷9×6÷3=18
⑧ 7×16÷8×5=70
⑨ 504÷14÷6×3=18
⑩ 224÷(72÷9)×12=336
⑪ 336÷(3×7)÷4=4
⑫ 2×21÷(49÷7)=6

6 p.20

① 44 ② 45 ③ 27 ④ 11 ⑤ 17 ⑥ 8
⑦ 15 ⑧ 186 ⑨ 78 ⑩ 5 ⑪ 44 ⑫ 54

7 p.21

① 62−29+17−3=47
② 39+18−16−7=34
③ 15+26−9+32=64
④ 48−(35−16)+8=37
⑤ 59−(15+18)−7=19
⑥ 77−(52+19)+16=22
⑦ 38÷2×3÷19=3
⑧ 6×42÷4×12=756
⑨ 16÷8×4×3=24
⑩ 140÷(56÷2)×3=15
⑪ 18×4÷(3×2)=12
⑫ 672÷(6×4)÷7=4

8 p.22

① 65 ② 26 ③ 25 ④ 37 ⑤ 35 ⑥ 27
⑦ 180 ⑧ 36 ⑨ 18 ⑩ 270 ⑪ 6 ⑫ 190

자연수의 혼합 계산 ②

1

p.24

① $3\times9+12=39$
② $11\times5-25=30$
③ $8+7\times4=36$
④ $9\times(20-12)=72$
⑤ $(31-16)\times5=75$
⑥ $2\times(9+23)=64$
⑦ $18\div2+12=21$
⑧ $30-24\div4=24$
⑨ $24-64\div8=16$
⑩ $(108-60)\div6=8$
⑪ $45\div(9-4)=9$
⑫ $96\div(5+11)=6$

2

p.25

① 18
② 38
③ 56
④ 35
⑤ 66
⑥ 294
⑦ 27
⑧ 34
⑨ 9
⑩ 12
⑪ 11
⑫ 4

3

p.26

① $28-7\times3=7$
② $29+3\times9=56$
③ $30+14\times8=142$
④ $6\times(28-11)=102$
⑤ $(15+4)\times2=38$
⑥ $(22-14)\times4=32$
⑦ $24+30\div3=34$
⑧ $19-42\div6=12$
⑨ $28\div4-5=2$
⑩ $36\div(16-7)=4$
⑪ $(21-5)\div8=2$
⑫ $45\div(3+12)=3$

4

p.27

① 9
② 25
③ 26
④ 1
⑤ 8
⑥ 10
⑦ 76
⑧ 33
⑨ 13
⑩ 20
⑪ 7
⑫ 2

5

p.28

① $15+6\times7-2=55$
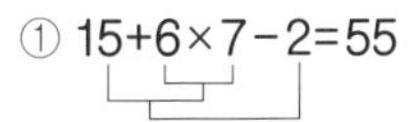
② $25-2\times6+4=17$
③ $12+4\times8-7+10=47$
④ $28+(30-17)\times9=145$
⑤ $(48-36)\times6-24=48$
⑥ $64-4\times(6+3)=28$
⑦ $143-91\div13+15=151$
⑧ $27+6-32\div4=25$
⑨ $13-9+42\div7=10$
⑩ $56\div(8+6)-2=2$
⑪ $32+16\div(15-7)=34$
⑫ $8-54\div(24-15)+13=15$

6

p.29

① 39
② 42
③ 83
④ 29
⑤ 48
⑥ 11
⑦ 133
⑧ 23
⑨ 87
⑩ 13
⑪ 38
⑫ 13

7

p.30

① $25+5\times3-16=24$
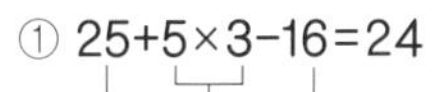
② $120-45+8\times7=131$
③ $37+18-4\times2=47$
④ $90-(5+12)\times3=39$
⑤ $12+4\times(21-7)=68$
⑥ $55-3\times(13+2)=10$
⑦ $19+27-42\div3=32$
⑧ $40-38\div2+14=35$
⑨ $81\div9+25-60\div12=29$
⑩ $100-(26+19)\div3=85$
⑪ $13+63\div(35\div5)=22$
⑫ $(28+60)\div(12-4)=11$

8

p.31

① 99
② 54
③ 48
④ 17
⑤ 36
⑥ 39
⑦ 39
⑧ 60
⑨ 540
⑩ 25
⑪ 2
⑫ 12

Special Lesson 기본 개념 알고 가기

Special Lesson p.33

① 1, 2, 4

② 1, 2, 3, 4, 6, 12

③ 1, 2, 7, 14

④ 1, 2, 4, 5, 10, 20

⑤ 1, 5, 25

⑥ 1, 2, 4, 11, 22, 44

⑦ 1, 3, 17, 51

⑧ 1, 2, 4, 7, 8, 14, 28, 56

⑨ 1, 3, 7, 9, 21, 63

⑩ 1, 2, 7, 14, 49, 98

Special Lesson p.34

① 9, 12, 15, 18

② 7, 14, 21, 28, 35, 42

③ 11, 22, 33, 44, 55, 66

④ 16, 32, 48, 64, 80, 96

⑤ 19, 38, 57, 76, 95, 114

⑥ 24, 48, 72, 96, 120, 144

⑦ 28, 56, 84, 112, 140, 168

⑧ 31, 62, 93, 124, 155, 186

⑨ 40, 80, 120, 160, 200, 240

⑩ 45, 90, 135, 180, 225, 270

Special Lesson p.35

① 1, 2, 4, 8, 16

② 1, 7, 49

③ 1, 2, 4, 8, 16, 32

④ 1, 2, 4, 7, 14, 28

⑤ 1, 3, 19, 57

⑥ 14, 28, 42, 56, 70, 84

⑦ 25, 50, 75, 100, 125, 150

⑧ 34, 68, 102, 136, 170, 204

⑨ 46, 92, 138, 184, 230, 276

⑩ 52, 104, 156, 208, 260, 312

공약수와 최대공약수

1

p.37

① 1, 2 / 2
② 1, 3 / 3
③ 1, 2, 3, 6 / 6
④ 1, 3 / 3
⑤ 1, 2, 4 / 4
⑥ 1, 7 / 7
⑦ 1, 5 / 5
⑧ 1, 2, 4 / 4

2

p.38

① 4 / 1, 2, 4
② 2 / 1, 2
③ 2 / 1, 2
④ 6 / 1, 2, 3, 6
⑤ 7 / 1, 7
⑥ 9 / 1, 3, 9
⑦ 4 / 1, 2, 4

3

p.39

① 1, 2, 4 / 4
② 1, 7 / 7
③ 1, 5 / 5
④ 1, 2, 4 / 4
⑤ 1, 3 / 3
⑥ 1, 2, 4 / 4
⑦ 1, 2, 4, 8 / 8
⑧ 1, 2, 3, 6 / 6

4

p.40

① 6 / 1, 2, 3, 6
② 4 / 1, 2, 4
③ 3 / 1, 3
④ 5 / 1, 5
⑤ 6 / 1, 2, 3, 6
⑥ 10 / 1, 2, 5, 10
⑦ 15 / 1, 3, 5, 15

5

p.41

① 1, 2 / 2
② 1, 2, 3, 6 / 6
③ 1, 2, 4 / 4
④ 1, 2 / 2
⑤ 1, 5 / 5
⑥ 1, 7 / 7
⑦ 1, 2, 4, 8 / 8
⑧ 1, 7 / 7

6

p.42

① 2 / 1, 2
② 4 / 1, 2, 4
③ 4 / 1, 2, 4
④ 3 / 1, 3
⑤ 7 / 1, 7
⑥ 3 / 1, 3
⑦ 6 / 1, 2, 3, 6

7

p.43

① 1, 3 / 3
② 1, 2, 4 / 4
③ 1, 3, 9 / 9
④ 1, 2, 7, 14 / 14
⑤ 1, 2 / 2
⑥ 1, 2, 3, 6 / 6
⑦ 1, 2, 3, 4, 6, 12 / 12
⑧ 1, 13 / 13

8

p.44

① 3 / 1, 3
② 2 / 1, 2
③ 4 / 1, 2, 4
④ 10 / 1, 2, 5, 10
⑤ 4 / 1, 2, 4
⑥ 9 / 1, 3, 9
⑦ 3 / 1, 3

공배수와 최소공배수

1
p.46

① 4, 8, 12 / 4
② 15, 30, 45 / 15
③ 40, 80, 120 / 40
④ 36, 72, 108 / 36
⑤ 60, 120, 180 / 60
⑥ 28, 56, 84 / 28
⑦ 33, 66, 99 / 33
⑧ 90, 180, 270 / 90

2
p.47

① 18 / 18, 36, 54
② 21 / 21, 42, 63
③ 80 / 80, 160, 240
④ 108 / 108, 216, 324
⑤ 72 / 72, 144, 216
⑥ 50 / 50, 100, 150
⑦ 90 / 90, 180, 270

3
p.48

① 6, 12, 18 / 6
② 24, 48, 72 / 24
③ 30, 60, 90 / 30
④ 84, 168, 252 / 84
⑤ 48, 96, 144 / 48
⑥ 42, 84, 126 / 42
⑦ 40, 80, 120 / 40
⑧ 63, 126, 189 / 63

4
p.49

① 24 / 24, 48, 72
② 72 / 72, 144, 216
③ 48 / 48, 96, 144
④ 90 / 90, 180, 270
⑤ 72 / 72, 144, 216
⑥ 26 / 26, 52, 78
⑦ 30 / 30, 60, 90

5
p.50

① 6, 12, 18 / 6
② 20, 40, 60 / 20
③ 40, 80, 120 / 40
④ 54, 108, 162 / 54
⑤ 30, 60, 90 / 30
⑥ 108, 216, 324 / 108
⑦ 84, 168, 252 / 84
⑧ 48, 96, 144 / 48

6
p.51

① 8 / 8, 16, 24
② 12 / 12, 24, 36
③ 30 / 30, 60, 90
④ 50 / 50, 100, 150
⑤ 80 / 80, 160, 240
⑥ 63 / 63, 126, 189
⑦ 140 / 140, 280, 420

7
p.52

① 9, 18, 27 / 9
② 30, 60, 90 / 30
③ 60, 120, 180 / 60
④ 144, 288, 432 / 144
⑤ 48, 96, 144 / 48
⑥ 175, 350, 525 / 175
⑦ 40, 80, 120 / 40
⑧ 44, 88, 132 / 44

8
p.53

① 12 / 12, 24, 36
② 56 / 56, 112, 168
③ 45 / 45, 90, 135
④ 36 / 36, 72, 108
⑤ 112 / 112, 224, 336
⑥ 100 / 100, 200, 300
⑦ 120 / 120, 240, 360

실력 체크 중간 점검 1-4

1-A p.56

① 24+52-48=28
② 93-79+32=46
③ 25-6+12+32=63
④ 40-(23+11)=6
⑤ 51-(36-17)=32
⑥ 63+18-(82-15)=14
⑦ 24÷6×8=32
⑧ 5×16÷2=40
⑨ 15×6÷9×2=20
⑩ 100÷(36÷9)=25
⑪ 48÷(12÷4)×5=80
⑫ 320÷(8×5)×7=56

1-B p.57

① 45 ② 88 ③ 182 ④ 36 ⑤ 126
⑥ 24 ⑦ 63 ⑧ 8 ⑨ 79 ⑩ 12

2-A p.58

① 16+3×9-7=36
② 210-7×20+18=88
③ 65+7-4×9-16=20
④ 12×(17-11+5)=132
⑤ (47-39)×(11+5)=128
⑥ 12×40-45×(10-2)=120
⑦ 27+8-45÷5=26
⑧ 98÷14+60÷3=27
⑨ 17-9+64÷8=16
⑩ (36-4+7)÷13=3
⑪ (62-14)÷(30÷5)=8
⑫ 150÷(12+18)+20-6=19

2-B p.59

① 30 ② 38 ③ 15 ④ 21 ⑤ 22
⑥ 77 ⑦ 35 ⑧ 4 ⑨ 10 ⑩ 4

3-A p.60

① 1, 2, 4 / 4
② 1, 2, 4 / 4
③ 1, 2, 5, 10 / 10
④ 1, 2, 4 / 4
⑤ 1, 3 / 3
⑥ 1, 2, 3, 4, 6, 12 / 12
⑦ 1, 3, 5, 15 / 15
⑧ 1, 3, 9 / 9

3-B p.61

① 5 / 1, 5
② 8 / 1, 2, 4, 8
③ 4 / 1, 2, 4
④ 2 / 1, 2
⑤ 6 / 1, 2, 3, 6

4-A p.62

① 60, 120, 180 / 60
② 30, 60, 90 / 30
③ 24, 48, 72 / 24
④ 12, 24, 36 / 12
⑤ 80, 160, 240 / 80
⑥ 70, 140, 210 / 70
⑦ 22, 44, 66 / 22
⑧ 48, 96, 144 / 48

4-B p.63

① 28 / 28, 56, 84
② 42 / 42, 84, 126
③ 48 / 48, 96, 144
④ 96 / 96, 192, 288
⑤ 15 / 15, 30, 45

약분

1

p.65

① 1
② 2, 1
③ 6, 3
④ 1
⑤ 8
⑥ 2
⑦ 10, 2
⑧ 7
⑨ 1
⑩ 7
⑪ 5, 2
⑫ 16, 8
⑬ 7
⑭ 18, 9

2

p.66

① $\frac{1}{4}$
② $\frac{4}{5}$
③ $\frac{1}{2}$
④ $\frac{4}{11}$
⑤ $\frac{1}{3}$
⑥ $\frac{4}{7}$
⑦ $\frac{4}{5}$
⑧ $\frac{4}{7}$
⑨ $\frac{5}{12}$
⑩ $\frac{2}{7}$
⑪ $\frac{2}{23}$
⑫ $\frac{2}{7}$
⑬ $\frac{3}{26}$
⑭ $\frac{3}{5}$

3

p.67

① 3
② 5
③ 3, 1
④ 3
⑤ 8, 1
⑥ 3, 2
⑦ 3
⑧ 7
⑨ 5
⑩ 14, 7
⑪ 5, 1
⑫ 16
⑬ 18, 9
⑭ 5

4

p.68

① $\frac{3}{7}$
② $\frac{5}{8}$
③ $\frac{2}{3}$
④ $\frac{1}{12}$
⑤ $\frac{3}{5}$
⑥ $\frac{2}{3}$
⑦ $\frac{1}{4}$
⑧ $\frac{3}{5}$
⑨ $\frac{8}{19}$
⑩ $\frac{1}{5}$
⑪ $\frac{4}{15}$
⑫ $\frac{1}{7}$
⑬ $\frac{3}{17}$
⑭ $\frac{2}{9}$

5

p.69

① 3
② 3, 1
③ 1
④ 2
⑤ 4
⑥ 7
⑦ 30, 15, 5
⑧ 4
⑨ 5, 2
⑩ 14, 7
⑪ 8
⑫ 6, 2
⑬ 26
⑭ 21, 3

6

p.70

① $\frac{3}{5}$
② $\frac{5}{8}$
③ $\frac{2}{7}$
④ $\frac{1}{12}$
⑤ $\frac{4}{7}$
⑥ $\frac{7}{10}$
⑦ $\frac{2}{5}$
⑧ $\frac{2}{3}$
⑨ $\frac{3}{8}$
⑩ $\frac{3}{5}$
⑪ $\frac{5}{12}$
⑫ $\frac{5}{18}$
⑬ $\frac{3}{14}$
⑭ $\frac{4}{31}$

7

p.71

① 4
② 3
③ 5
④ 12, 4
⑤ 6, 3
⑥ 3, 6
⑦ 1
⑧ 4
⑨ 10, 5
⑩ 16, 8
⑪ 14
⑫ 16
⑬ 28
⑭ 32, 6, 8

8

p.72

① $\frac{3}{4}$
② $\frac{4}{9}$
③ $\frac{3}{7}$
④ $\frac{3}{4}$
⑤ $\frac{1}{5}$
⑥ $\frac{7}{8}$
⑦ $\frac{2}{13}$
⑧ $\frac{1}{2}$
⑨ $\frac{1}{3}$
⑩ $\frac{7}{10}$
⑪ $\frac{8}{17}$
⑫ $\frac{2}{3}$
⑬ $\frac{1}{19}$
⑭ $\frac{5}{8}$

통분

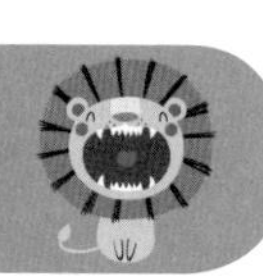

1

p.74

① $\frac{3}{6}$, $\frac{2}{6}$
② $\frac{8}{12}$, $\frac{9}{12}$
③ $\frac{5}{20}$, $\frac{8}{20}$
④ $\frac{21}{28}$, $\frac{20}{28}$
⑤ $\frac{6}{15}$, $\frac{5}{15}$
⑥ $\frac{6}{10}$, $\frac{5}{10}$
⑦ $\frac{6}{42}$, $\frac{7}{42}$
⑧ $1\frac{3}{24}$, $2\frac{8}{24}$
⑨ $2\frac{15}{40}$, $3\frac{16}{40}$
⑩ $2\frac{5}{45}$, $1\frac{36}{45}$
⑪ $2\frac{8}{52}$, $3\frac{13}{52}$
⑫ $3\frac{2}{14}$, $1\frac{7}{14}$
⑬ $4\frac{8}{36}$, $2\frac{27}{36}$
⑭ $5\frac{12}{33}$, $2\frac{22}{33}$

2

p.75

① $\frac{2}{4}$, $\frac{3}{4}$
② $\frac{3}{9}$, $\frac{5}{9}$
③ $\frac{10}{15}$, $\frac{3}{15}$
④ $\frac{15}{20}$, $\frac{2}{20}$
⑤ $\frac{32}{40}$, $\frac{15}{40}$
⑥ $\frac{2}{12}$, $\frac{9}{12}$
⑦ $\frac{5}{6}$, $\frac{4}{6}$
⑧ $1\frac{3}{8}$, $3\frac{2}{8}$
⑨ $1\frac{10}{55}$, $1\frac{33}{55}$
⑩ $2\frac{6}{21}$, $3\frac{14}{21}$
⑪ $2\frac{15}{24}$, $3\frac{4}{24}$
⑫ $2\frac{5}{45}$, $4\frac{18}{45}$
⑬ $3\frac{3}{10}$, $2\frac{5}{10}$
⑭ $5\frac{6}{45}$, $2\frac{35}{45}$

3

p.76

① $\frac{5}{15}$, $\frac{6}{15}$
② $\frac{4}{6}$, $\frac{3}{6}$
③ $\frac{5}{20}$, $\frac{12}{20}$
④ $\frac{27}{36}$, $\frac{4}{36}$
⑤ $\frac{7}{35}$, $\frac{20}{35}$
⑥ $\frac{12}{30}$, $\frac{25}{30}$
⑦ $\frac{3}{18}$, $\frac{12}{18}$
⑧ $1\frac{15}{24}$, $3\frac{8}{24}$
⑨ $1\frac{15}{50}$, $4\frac{20}{50}$
⑩ $2\frac{4}{28}$, $2\frac{21}{28}$
⑪ $2\frac{32}{56}$, $1\frac{49}{56}$
⑫ $2\frac{28}{48}$, $3\frac{12}{48}$
⑬ $3\frac{14}{63}$, $1\frac{9}{63}$
⑭ $3\frac{15}{42}$, $1\frac{14}{42}$

4

p.77

① $\frac{5}{10}$, $\frac{4}{10}$
② $\frac{2}{8}$, $\frac{5}{8}$
③ $\frac{9}{12}$, $\frac{2}{12}$
④ $\frac{35}{42}$, $\frac{18}{42}$
⑤ $\frac{2}{14}$, $\frac{3}{14}$
⑥ $\frac{3}{24}$, $\frac{16}{24}$
⑦ $\frac{25}{40}$, $\frac{12}{40}$
⑧ $1\frac{2}{24}$, $1\frac{9}{24}$
⑨ $2\frac{4}{18}$, $2\frac{15}{18}$
⑩ $2\frac{32}{72}$, $4\frac{27}{72}$
⑪ $2\frac{9}{42}$, $3\frac{28}{42}$
⑫ $2\frac{2}{15}$, $5\frac{9}{15}$
⑬ $3\frac{25}{60}$, $2\frac{6}{60}$
⑭ $5\frac{3}{10}$, $2\frac{4}{10}$

5

p.78

① $\frac{3}{12}$, $\frac{8}{12}$
② $\frac{7}{35}$, $\frac{10}{35}$
③ $\frac{8}{48}$, $\frac{18}{48}$
④ $\frac{20}{32}$, $\frac{24}{32}$
⑤ $\frac{21}{28}$, $\frac{24}{28}$
⑥ $\frac{28}{70}$, $\frac{15}{70}$
⑦ $\frac{15}{35}$, $\frac{14}{35}$
⑧ $1\frac{25}{45}$, $2\frac{9}{45}$
⑨ $2\frac{20}{65}$, $4\frac{39}{65}$
⑩ $4\frac{18}{60}$, $2\frac{50}{60}$
⑪ $1\frac{14}{63}$, $1\frac{27}{63}$
⑫ $2\frac{21}{33}$, $1\frac{22}{33}$
⑬ $3\frac{10}{24}$, $1\frac{12}{24}$
⑭ $5\frac{9}{90}$, $3\frac{20}{90}$

6

p.79

① $\frac{2}{8}$, $\frac{3}{8}$
② $\frac{9}{12}$, $\frac{8}{12}$
③ $\frac{2}{10}$, $\frac{3}{10}$
④ $\frac{5}{30}$, $\frac{4}{30}$
⑤ $\frac{20}{24}$, $\frac{3}{24}$
⑥ $\frac{3}{21}$, $\frac{14}{21}$
⑦ $\frac{15}{40}$, $\frac{28}{40}$
⑧ $1\frac{14}{63}$, $1\frac{27}{63}$
⑨ $1\frac{4}{46}$, $2\frac{3}{46}$
⑩ $2\frac{10}{18}$, $3\frac{9}{18}$
⑪ $2\frac{15}{54}$, $2\frac{14}{54}$
⑫ $2\frac{27}{75}$, $3\frac{10}{75}$
⑬ $3\frac{21}{36}$, $4\frac{10}{36}$
⑭ $4\frac{35}{112}$, $2\frac{72}{112}$

7

p.80

① $\frac{26}{39}$, $\frac{21}{39}$
② $\frac{30}{40}$, $\frac{28}{40}$
③ $\frac{35}{42}$, $\frac{24}{42}$
④ $\frac{15}{21}$, $\frac{7}{21}$
⑤ $\frac{6}{24}$, $\frac{20}{24}$
⑥ $\frac{33}{55}$, $\frac{25}{55}$
⑦ $\frac{18}{63}$, $\frac{14}{63}$
⑧ $1\frac{21}{56}$, $1\frac{48}{56}$
⑨ $2\frac{35}{50}$, $1\frac{40}{50}$
⑩ $4\frac{20}{32}$, $2\frac{24}{32}$
⑪ $1\frac{12}{96}$, $1\frac{56}{96}$
⑫ $1\frac{50}{120}$, $3\frac{36}{120}$
⑬ $3\frac{48}{52}$, $2\frac{13}{52}$
⑭ $4\frac{5}{75}$, $5\frac{45}{75}$

8

p.81

① $\frac{16}{24}$, $\frac{15}{24}$
② $\frac{7}{28}$, $\frac{6}{28}$
③ $\frac{9}{12}$, $\frac{2}{12}$
④ $\frac{16}{40}$, $\frac{35}{40}$
⑤ $\frac{30}{70}$, $\frac{7}{70}$
⑥ $\frac{4}{36}$, $\frac{15}{36}$
⑦ $\frac{39}{130}$, $\frac{50}{130}$
⑧ $1\frac{15}{42}$, $3\frac{8}{42}$
⑨ $1\frac{15}{110}$, $2\frac{77}{110}$
⑩ $2\frac{4}{38}$, $5\frac{3}{38}$
⑪ $3\frac{20}{48}$, $3\frac{9}{48}$
⑫ $3\frac{7}{126}$, $2\frac{72}{126}$
⑬ $4\frac{21}{33}$, $2\frac{11}{33}$
⑭ $4\frac{75}{390}$, $3\frac{52}{390}$

분모가 다른 (진분수)±(진분수)

1

p.83

① $\frac{5}{6}$	⑤ $\frac{13}{20}$	⑨ $\frac{7}{24}$	⑫ $1\frac{7}{24}$
② $\frac{7}{8}$	⑥ $1\frac{7}{36}$	⑩ $\frac{5}{16}$	⑬ $1\frac{7}{45}$
③ $1\frac{1}{6}$	⑦ $\frac{7}{18}$	⑪ $\frac{16}{35}$	⑭ $\frac{7}{30}$
④ $\frac{29}{30}$	⑧ $1\frac{1}{35}$		

2

p.84

① $\frac{3}{14}$	⑤ $\frac{17}{40}$	⑨ $\frac{1}{28}$	⑫ $\frac{22}{45}$
② $\frac{1}{2}$	⑥ $\frac{11}{18}$	⑩ $\frac{19}{48}$	⑬ $\frac{3}{80}$
③ $\frac{1}{20}$	⑦ $\frac{7}{24}$	⑪ $\frac{8}{15}$	⑭ $\frac{3}{16}$
④ $\frac{13}{20}$	⑧ $\frac{7}{50}$		

3

p.85

① $1\frac{1}{3}$	⑤ $\frac{5}{12}$	⑨ $1\frac{1}{6}$	⑫ $1\frac{2}{15}$
② $\frac{6}{7}$	⑥ $\frac{53}{60}$	⑩ $\frac{11}{20}$	⑬ $\frac{31}{60}$
③ $1\frac{5}{12}$	⑦ $1\frac{3}{20}$	⑪ $\frac{23}{24}$	⑭ $\frac{17}{26}$
④ $\frac{19}{24}$	⑧ $\frac{17}{21}$		

4

p.86

① $\frac{3}{8}$	⑤ $\frac{1}{20}$	⑨ $\frac{15}{22}$	⑫ $\frac{23}{80}$
② $\frac{11}{30}$	⑥ $\frac{1}{3}$	⑩ $\frac{5}{78}$	⑬ $\frac{49}{100}$
③ $\frac{1}{12}$	⑦ $\frac{33}{56}$	⑪ $\frac{3}{28}$	⑭ $\frac{5}{78}$
④ $\frac{2}{45}$	⑧ $\frac{11}{45}$		

5

p.87

① $1\frac{7}{15}$	⑤ $1\frac{11}{48}$	⑨ $1\frac{17}{42}$	⑫ $1\frac{2}{15}$
② $\frac{53}{60}$	⑥ $\frac{27}{50}$	⑩ $1\frac{11}{72}$	⑬ $\frac{121}{180}$
③ $\frac{62}{63}$	⑦ $\frac{67}{80}$	⑪ $1\frac{5}{36}$	⑭ $\frac{4}{5}$
④ $\frac{18}{35}$	⑧ $\frac{5}{6}$		

6

p.88

① $\frac{5}{21}$	⑤ $\frac{13}{27}$	⑨ $\frac{1}{10}$	⑫ $\frac{25}{54}$
② $\frac{1}{3}$	⑥ $\frac{3}{35}$	⑩ $\frac{31}{72}$	⑬ $\frac{5}{96}$
③ $\frac{11}{24}$	⑦ $\frac{1}{12}$	⑪ $\frac{11}{30}$	⑭ $\frac{3}{70}$
④ $\frac{1}{16}$	⑧ $\frac{11}{84}$		

7

p.89

① $\frac{7}{8}$	⑤ $1\frac{7}{60}$	⑨ $\frac{41}{42}$	⑫ $1\frac{5}{48}$
② $1\frac{13}{55}$	⑥ $1\frac{5}{42}$	⑩ $\frac{37}{40}$	⑬ $\frac{119}{150}$
③ $1\frac{1}{28}$	⑦ $\frac{85}{96}$	⑪ $1\frac{2}{9}$	⑭ $\frac{79}{84}$
④ $\frac{23}{33}$	⑧ $\frac{29}{45}$		

8

p.90

① $\frac{3}{20}$	⑤ $\frac{1}{20}$	⑨ $\frac{8}{15}$	⑫ $\frac{31}{160}$
② $\frac{11}{24}$	⑥ $\frac{17}{48}$	⑩ $\frac{11}{80}$	⑬ $\frac{3}{70}$
③ $\frac{1}{3}$	⑦ $\frac{1}{3}$	⑪ $\frac{37}{120}$	⑭ $\frac{3}{10}$
④ $\frac{1}{8}$	⑧ $\frac{11}{120}$		

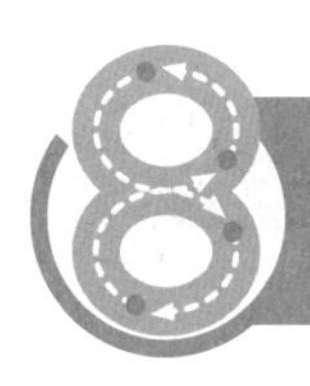

분모가 다른 (대분수)±(대분수)

1

p.92

① $3\frac{3}{4}$ ② $5\frac{2}{15}$ ③ $6\frac{4}{15}$ ④ $6\frac{23}{30}$ ⑤ $5\frac{23}{24}$ ⑥ $5\frac{4}{45}$ ⑦ $4\frac{21}{22}$ ⑧ $6\frac{11}{15}$ ⑨ $7\frac{31}{48}$ ⑩ $6\frac{1}{28}$ ⑪ $8\frac{17}{28}$ ⑫ $7\frac{7}{40}$ ⑬ $9\frac{7}{54}$ ⑭ $8\frac{79}{96}$

2

p.93

① $1\frac{1}{10}$ ② $1\frac{2}{45}$ ③ $\frac{13}{24}$ ④ $1\frac{7}{8}$ ⑤ $1\frac{1}{4}$ ⑥ $1\frac{7}{46}$ ⑦ $2\frac{7}{12}$ ⑧ $1\frac{7}{48}$ ⑨ $1\frac{73}{80}$ ⑩ $2\frac{31}{36}$ ⑪ $2\frac{9}{50}$ ⑫ $3\frac{71}{72}$ ⑬ $3\frac{2}{3}$ ⑭ $5\frac{91}{96}$

3

p.94

① $5\frac{1}{45}$ ② $6\frac{7}{36}$ ③ $4\frac{1}{4}$ ④ $5\frac{17}{24}$ ⑤ $8\frac{5}{36}$ ⑥ $6\frac{1}{48}$ ⑦ $6\frac{49}{60}$ ⑧ $7\frac{1}{40}$ ⑨ $5\frac{46}{75}$ ⑩ $7\frac{11}{12}$ ⑪ $6\frac{71}{72}$ ⑫ $7\frac{11}{38}$ ⑬ $10\frac{11}{30}$ ⑭ $8\frac{19}{54}$

4

p.95

① $\frac{17}{18}$ ② $1\frac{1}{6}$ ③ $2\frac{17}{90}$ ④ $1\frac{37}{48}$ ⑤ $2\frac{11}{35}$ ⑥ $1\frac{8}{9}$ ⑦ $1\frac{13}{80}$ ⑧ $2\frac{17}{20}$ ⑨ $3\frac{1}{6}$ ⑩ $1\frac{65}{84}$ ⑪ $3\frac{5}{54}$ ⑫ $5\frac{1}{24}$ ⑬ $2\frac{14}{15}$ ⑭ $5\frac{73}{78}$

5

p.96

① $4\frac{11}{12}$ ② $7\frac{23}{26}$ ③ $8\frac{1}{50}$ ④ $9\frac{13}{21}$ ⑤ $7\frac{13}{24}$ ⑥ $8\frac{1}{4}$ ⑦ $9\frac{1}{45}$ ⑧ $6\frac{3}{22}$ ⑨ $5\frac{13}{63}$ ⑩ $5\frac{5}{48}$ ⑪ $7\frac{53}{54}$ ⑫ $10\frac{13}{36}$ ⑬ $8\frac{19}{40}$ ⑭ $10\frac{19}{96}$

6

p.97

① $1\frac{3}{20}$ ② $1\frac{51}{56}$ ③ $\frac{49}{50}$ ④ $2\frac{3}{56}$ ⑤ $2\frac{23}{24}$ ⑥ $1\frac{59}{72}$ ⑦ $2\frac{1}{26}$ ⑧ $2\frac{35}{48}$ ⑨ $1\frac{5}{54}$ ⑩ $3\frac{4}{21}$ ⑪ $2\frac{1}{70}$ ⑫ $3\frac{89}{105}$ ⑬ $3\frac{31}{36}$ ⑭ $6\frac{1}{15}$

7

p.98

① $5\frac{7}{15}$ ② $7\frac{3}{16}$ ③ $6\frac{7}{30}$ ④ $6\frac{49}{96}$ ⑤ $7\frac{11}{50}$ ⑥ $8\frac{28}{45}$ ⑦ $8\frac{53}{168}$ ⑧ $8\frac{37}{54}$ ⑨ $7\frac{69}{70}$ ⑩ $7\frac{21}{22}$ ⑪ $9\frac{9}{16}$ ⑫ $8\frac{5}{36}$ ⑬ $9\frac{5}{78}$ ⑭ $10\frac{1}{6}$

8

p.99

① $1\frac{5}{6}$ ② $1\frac{17}{55}$ ③ $2\frac{13}{40}$ ④ $1\frac{47}{48}$ ⑤ $1\frac{17}{36}$ ⑥ $2\frac{27}{28}$ ⑦ $2\frac{5}{62}$ ⑧ $3\frac{43}{60}$ ⑨ $\frac{67}{90}$ ⑩ $2\frac{23}{42}$ ⑪ $2\frac{53}{54}$ ⑫ $5\frac{1}{24}$ ⑬ $2\frac{35}{48}$ ⑭ $6\frac{7}{9}$

실력 체크 최종 점검 5-8

5-A

p.102

① 1
② 8
③ 5
④ 1
⑤ 5
⑥ 1
⑦ 14, 7
⑧ 3, 1
⑨ 14, 7
⑩ 3
⑪ 9, 3
⑫ 3
⑬ 6, 7
⑭ 28, 4, 7

5-B

p.103

① $\frac{3}{5}$
② $\frac{5}{13}$
③ $\frac{3}{4}$
④ $\frac{1}{6}$
⑤ $\frac{2}{3}$
⑥ $\frac{1}{29}$
⑦ $\frac{7}{15}$
⑧ $\frac{2}{9}$
⑨ $\frac{1}{4}$
⑩ $\frac{5}{8}$
⑪ $\frac{1}{4}$
⑫ $\frac{9}{16}$

6-A

p.104

① $\frac{8}{48}$, $\frac{6}{48}$
② $\frac{4}{20}$, $\frac{15}{20}$
③ $\frac{7}{84}$, $\frac{72}{84}$
④ $\frac{75}{90}$, $\frac{12}{90}$
⑤ $\frac{24}{80}$, $\frac{50}{80}$
⑥ $\frac{12}{54}$, $\frac{9}{54}$
⑦ $\frac{6}{8}$, $\frac{4}{8}$
⑧ $1\frac{84}{180}$, $1\frac{75}{180}$
⑨ $2\frac{34}{51}$, $3\frac{3}{51}$
⑩ $4\frac{20}{35}$, $1\frac{14}{35}$
⑪ $2\frac{13}{52}$, $4\frac{12}{52}$
⑫ $2\frac{48}{128}$, $2\frac{56}{128}$
⑬ $3\frac{100}{280}$, $5\frac{14}{280}$
⑭ $3\frac{12}{18}$, $1\frac{15}{18}$

6-B

p.105

① $\frac{4}{8}$, $\frac{5}{8}$
② $\frac{14}{21}$, $\frac{3}{21}$
③ $\frac{4}{18}$, $\frac{15}{18}$
④ $\frac{16}{60}$, $\frac{15}{60}$
⑤ $\frac{4}{48}$, $\frac{21}{48}$
⑥ $3\frac{7}{70}$, $4\frac{25}{70}$
⑦ $3\frac{9}{57}$, $2\frac{38}{57}$
⑧ $2\frac{24}{40}$, $2\frac{5}{40}$
⑨ $5\frac{10}{66}$, $3\frac{11}{66}$
⑩ $1\frac{63}{180}$, $3\frac{50}{180}$

7-A

p.106

① $\frac{9}{14}$ ② $1\frac{2}{39}$ ③ $\frac{27}{52}$ ④ $\frac{19}{24}$ ⑤ $\frac{17}{21}$ ⑥ $\frac{19}{30}$ ⑦ $1\frac{5}{36}$ ⑧ $1\frac{11}{60}$ ⑨ $\frac{23}{72}$ ⑩ $1\frac{4}{45}$ ⑪ $\frac{20}{27}$ ⑫ $1\frac{5}{56}$ ⑬ $\frac{19}{20}$ ⑭ $\frac{26}{33}$

7-B

p.107

① $\frac{11}{24}$ ② $\frac{1}{9}$ ③ $\frac{23}{60}$ ④ $\frac{5}{22}$ ⑤ $\frac{5}{72}$ ⑥ $\frac{4}{75}$ ⑦ $\frac{27}{32}$ ⑧ $\frac{1}{30}$ ⑨ $\frac{73}{140}$ ⑩ $\frac{1}{21}$ ⑪ $\frac{1}{42}$ ⑫ $\frac{9}{88}$

8-A

p.108

① $4\frac{5}{54}$ ② $7\frac{7}{24}$ ③ $5\frac{5}{28}$ ④ $9\frac{61}{112}$ ⑤ $6\frac{3}{28}$ ⑥ $5\frac{4}{45}$ ⑦ $6\frac{13}{42}$ ⑧ $6\frac{23}{24}$ ⑨ $5\frac{7}{8}$ ⑩ $6\frac{5}{28}$ ⑪ $4\frac{37}{72}$ ⑫ $8\frac{2}{45}$ ⑬ $6\frac{14}{33}$ ⑭ $7\frac{3}{50}$

8-B

p.109

① $2\frac{4}{9}$ ② $4\frac{101}{105}$ ③ $1\frac{19}{24}$ ④ $3\frac{1}{15}$ ⑤ $2\frac{3}{20}$ ⑥ $2\frac{59}{60}$ ⑦ $3\frac{9}{10}$ ⑧ $2\frac{19}{48}$ ⑨ $2\frac{11}{36}$ ⑩ $2\frac{69}{80}$ ⑪ $4\frac{13}{72}$ ⑫ $\frac{23}{26}$

Memo

Memo

Memo

동영상 강의 +
문제풀이 과정
100

기초수학 초등 4학년

7권	자연수의 곱셈과 나눗셈 고급	8권	분수와 소수의 덧셈과 뺄셈 초급
1	(몇백)×(몇십)	1	분모가 같은 (진분수)±(진분수)
2	(몇백)×(몇십몇)	2	합이 가분수가 되는 (진분수)+(진분수) / (자연수)−(진분수)
3	(세 자리 수)×(두 자리 수)	3	분모가 같은 (대분수)+(대분수)
4	나누어떨어지는 (두 자리 수)÷(두 자리 수)	4	분모가 같은 (대분수)−(대분수)
5	나누어떨어지지 않는 (두 자리 수)÷(두 자리 수)	5	자릿수가 같은 (소수)+(소수)
6	몫이 한 자리 수인 (세 자리 수)÷(두 자리 수)	6	자릿수가 다른 (소수)+(소수)
7	몫이 두 자리 수인 (세 자리 수)÷(두 자리 수)	7	자릿수가 같은 (소수)−(소수)
8	세 자리 수 나눗셈 종합	8	자릿수가 다른 (소수)−(소수)

기초수학 초등 5학년

9권	자연수의 혼합 계산 / 약수와 배수 / 분수의 덧셈과 뺄셈 중급	10권	분수와 소수의 곱셈
1	자연수의 혼합 계산 ①	1	(분수)×(자연수), (자연수)×(분수)
2	자연수의 혼합 계산 ②	2	진분수와 가분수의 곱셈
3	공약수와 최대공약수	3	대분수가 있는 분수의 곱셈
4	공배수와 최소공배수	4	세 분수의 곱셈
5	약분	5	두 분수와 자연수의 곱셈
6	통분	6	분수를 소수로, 소수를 분수로 나타내기
7	분모가 다른 (진분수)±(진분수)	7	(소수)×(자연수), (자연수)×(소수)
8	분모가 다른 (대분수)±(대분수)	8	(소수)×(소수)

기초수학 초등 6학년

11권	분수와 소수의 나눗셈 (1) / 비와 비율	12권	분수와 소수의 나눗셈 (2) / 비례식
1	(자연수)÷(자연수), (진분수)÷(자연수)	1	분모가 다른 (진분수)÷(진분수)
2	(가분수)÷(자연수), (대분수)÷(자연수)	2	분모가 다른 (대분수)÷(대분수), (대분수)÷(진분수)
3	(자연수)÷(분수)	3	자릿수가 같은 (소수)÷(소수)
4	분모가 같은 (진분수)÷(진분수)	4	자릿수가 다른 (소수)÷(소수)
5	분모가 같은 (대분수)÷(대분수)	5	가장 간단한 자연수의 비로 나타내기 ①
6	나누어떨어지는 (소수)÷(자연수)	6	가장 간단한 자연수의 비로 나타내기 ②
7	나누어떨어지지 않는 (소수)÷(자연수)	7	비례식
8	비와 비율	8	비례배분